中国医学科学院医学实验动物研究所

仓动物学会

实验动物科学丛书 *18*

丛书总主编 秦 川

IX实验动物工具书系列

中国实验动物学会
团体标准汇编及实施指南

(第六卷)

(下册)

秦 川 主编

科学出版社

北京

内 容 简 介

本书收录了由中国实验动物学会实验动物标准化专业委员会和全国实验动物标准化技术委员会（SAC/TC281）联合组织编制的第六批中国实验动物学会团体标准及实施指南，总计13项标准及相关实施指南。内容包括实验动物环境设施相关标准：运输车通用要求、绿色设施评价；实验动物新资源相关标准：东方田鼠遗传质量控制、小型猪饲养管理规范；实验动物行为学相关标准：实验猴神经行为评价规范、猕猴属动物行为管理规范；实验动物质量控制相关标准：结肠小袋纤毛虫核酸检测方法、钩端螺旋体PCR检测方法；动物模型评价相关标准：骨与关节疾病食蟹猴模型评价规范、2型糖尿病食蟹猴模型评价规范、人源肿瘤异种移植小鼠模型制备技术规范；以及大型实验动物标识技术规范、不同毒力耐多药结核菌用于体内外药效评价技术规范。

本书适合实验动物学、医学、生物学、兽医学研究机构和高等院校从事实验动物生产、使用、管理和检测等相关科研、技术和管理人员使用，也可供对实验动物标准化工作感兴趣的相关人员使用。

图书在版编目（CIP）数据

中国实验动物学会团体标准汇编及实施指南 . 第六卷 / 秦川主编.
—北京：科学出版社，2022.3
（实验动物科学丛书；18）
ISBN 978-7-03-071868-6

Ⅰ. ①中⋯　Ⅱ. ①秦⋯　Ⅲ. ①实验动物学 – 标准 – 中国　Ⅳ. ① Q95-65

中国版本图书馆 CIP 数据核字（2022）第 042747 号

责任编辑：罗　静　付丽娜 / 责任校对：宁辉彩
责任印制：吴兆东 / 封面设计：刘新新

科 学 出 版 社 出版
北京东黄城根北街 16 号
邮政编码：100717
http://www.sciencep.com

北京建宏印刷有限公司 印刷
科学出版社发行　各地新华书店经销
*
2022 年 3 月第 一 版　开本：787 × 1092　1/16
2022 年 3 月第一次印刷　印张：15 3/4
字数：388 000

定价：180.00 元（上下册）
（如有印装质量问题，我社负责调换）

编委会名单

丛 书 总 主 编：秦　川
主　　　　编：秦　川
副　主　编：孔　琪
主要编写人员（以姓氏汉语拼音为序）：

   高洪彬　广东省实验动物监测所

   韩凌霞　中国农业科学院哈尔滨兽医研究所

   贾欢欢　广东省实验动物监测所

   孔　琪　中国医学科学院医学实验动物研究所

   李　舸　广东省实验动物监测所

   李根平　北京市实验动物管理办公室

   刘恩岐　西安交通大学

   倪丽菊　上海实验动物研究中心

   潘金春　广东省实验动物监测所

   秦　川　中国医学科学院医学实验动物研究所

   王希龙　广东省实验动物监测所

   谢永平　广西壮族自治区兽医研究所

   赵　力　中国建筑科学研究院有限公司

秘　　　书：

   董蕴涵　中国医学科学院医学实验动物研究所

丛 书 序

实验动物科学是一门新兴交叉学科，它集成生物学、兽医学、生物工程、医学、药学、生物医学工程等学科的理论和方法，以实验动物和动物实验技术为研究对象，为相关学科发展提供系统的生物学材料和相关技术。实验动物科学不仅直接关系到人类疾病研究、新药创制、动物疫病防控、环境与食品安全监测和国家生物安全与生物反恐，而且在航天、航海和脑科学研究中也具有特殊的作用与地位。

虽然国内外都出版了一些实验动物领域的专著，但一直缺少一套能够体现学科特色的丛书，来介绍实验动物科学各个分支学科和领域的科学理论、技术体系和研究进展。

为总结实验动物科学发展经验，形成学科体系，我从2012年起就计划编写一套实验动物丛书，以展示实验动物相关研究成果、促进实验动物学科人才培养、助力行业发展。

经过对丛书的规划设计后，我和相关领域内专家一起承担了编写任务。本丛书由我担任总主编，负责总体设计、规划、安排编写任务，并组织相关领域专家，详细整理了实验动物科学领域的新进展、新理论、新技术、新方法。本丛书是读者了解实验动物科学发展现状、理论知识和技术体系的不二选择。根据学科分类、不同职业的从业要求，丛书内容包括9个系列：Ⅰ实验动物管理系列、Ⅱ实验动物资源系列、Ⅲ实验动物基础系列、Ⅳ比较医学系列、Ⅴ实验动物医学系列、Ⅵ实验动物福利系列、Ⅶ实验动物技术系列、Ⅷ实验动物科普系列和Ⅸ实验动物工具书系列。

本丛书在保证科学性的前提下，力求通俗易懂，融知识性与趣味性于一体，全面生动地将实验动物科学知识呈现给读者，是实验动物科学、医学、药学、生物学、兽医学等相关领域从事管理、科研、教学、生产的从业人员和研究生学习实验动物科学知识的理想读物。

丛书总主编 秦 川 教授

中国医学科学院医学实验动物研究所所长

北京协和医学院比较医学中心主任

中国实验动物学会理事长

2019年8月

前　言

自 20 世纪 50 年代以来，实验动物科学已经在实验动物管理、实验动物资源、实验动物医学、比较医学、实验动物技术、实验动物标准化等方面取得了重要进展，积累了丰富的研究成果，形成了较为完善的学科体系。本书属于"实验动物科学丛书"中实验动物工具书系列第六卷，是实验动物标准化工作的一项重要成果。

实验动物科学在中国有近 50 年的发展历史，在发展过程中有中国特色的科研成果积累、总结和创新。我们根据实际工作经验，结合创新研究成果，建立新型的标准，在标准制定和创新方面作出"中国贡献"，以引领国际标准发展。标准引领实验动物行业规范化、规模化有序发展，是实验动物依法管理和许可证发放的技术依据。标准为实验动物质量检测提供了依据，减少人兽共患病发生。通过对实验动物及相关产品、服务的标准化，可促进行业规范化发展、供需关系良性发展，提高产业核心竞争力，加强国际贸易保护。通过对影响动物实验结果的各因素的规范化，还可保障科学研究和医药研发的可靠性和经济性。

国务院印发的《深化标准化工作改革方案》（国发〔2015〕13 号）文件中指出，市场自主制定的标准分为团体标准和企业标准。政府主导制定的标准侧重于保基本，市场自主制定的标准侧重于提高竞争力。团体标准是由社团法人按照团体确立的标准制定程序自主制定发布，由社会自愿采用的标准。

在国家实施标准化战略的大环境下，2015 年，中国实验动物学会（CALAS）联合全国实验动物标准化技术委员会（SAC/TC281）被国家标准化管理委员会批准成为全国首批 39 家团体标准试点单位之一（标委办工一〔2015〕80 号），也是中国科学技术协会首批 13 家团体标准试点学会之一。

以实验动物标准化需求为导向，以实验动物国家标准和团体标准配合发展为核心，实施实验动物标准化战略，大力推动实验动物标准体系的建设，制定一批关键性标准，提高我国实验动物标准化水平和应用。进而为创新型国家建设提供国际水平的支撑，促进相关学科产生一系列国际认可的原创科技成果，提高我国的科技创新能力。通过制定实验动物国际标准，提高我国在国际实验动物领域的话语权，为我国生物医药等行业参与国际竞争提供保障。

本书收录了中国实验动物学会团体标准第六批 13 项。为了配合这批标准的理解和使用，我们还以标准编制说明为依据，组织标准起草人编写了 13 项标准实施指南作为配套。希望各位读者在使用过程中发现不足，为进一步修订实验动物标准，推进实验动物标准化发展进程提出宝贵的意见和建议。

主编　秦　川　教授

中国医学科学院医学实验动物研究所所长

北京协和医学院比较医学中心主任

中国实验动物学会理事长

2022 年 1 月

目　录

━━━━━ 上　册 ━━━━━

━━━━━ 下　册 ━━━━━

第一章 T/CALAS 99—2021《实验动物 运输车通用要求》实施指南

第一节 工 作 简 况

本标准起草单位为北京市实验动物管理办公室、北京实验动物行业协会、北汽福田汽车股份有限公司、北京维通利华实验动物技术有限公司、北京华阜康生物科技股份有限公司、斯贝福（北京）生物技术有限公司。

在 2020 年北京市政府新冠肺炎疫情防控科研攻关联席会上，北京市科学技术委员会（市科委）将实验动物运输存在的困境进行了反映，联席会议决定由市科委牵头，市交通委员会、市经济和信息化局参与，共同解决实验动物运输没有合法车辆问题。根据市科委要求，北京市实验动物管理办公室联合北京实验动物行业协会、北汽福田汽车股份有限公司、北京华阜康生物科技股份有限公司、北京维通利华实验动物技术有限公司和斯贝福（北京）生物技术有限公司等单位，组织研制实验动物专用运输车并制定实验动物专用运输车标准。

第二节 工 作 过 程

2020 年 4 月 15 日，北京市政府主管领导在研究新冠肺炎疫情防控科研攻关联席会上，专题研究了实验动物安全监管问题。通过对实验动物全链条管理过程的梳理，会议提出要加强实验动物生产机构防疫监管，加强实验动物废物处理监管，加强生物安全实验室实验动物管理，加强教学用实验动物的安全监管，加强实验动物运输安全监管。会后，实验动物运输车标准专项工作组成立，工作组成员来自北京市实验动物管理办公室李根平主任、刘文菊科长，北京实验动物行业协会赵德明教授、贺争鸣研究员，北京维通利华实验动物技术有限公司尹良宏经理，北京华阜康生物科技股份有限公司刘云波总经理，北汽福田汽车股份有限公司王宇经理、潘国富经理，斯贝福（北京）生物技术有限公司战大伟总经理，共同完成实验动物运输车标准的制定工作。北汽福田汽车股份有限公司负责完成样车的改装工作。

2020 年 4 月，实验动物运输车标准专项工作组开展需求调研。

2020 年 5 月，起草组召开工作会议，讨论形成标准初稿。

2020 年 7 月，实验动物运输车样车下线，起草组完善形成标准草案。

2020 年 8 月，标准草案提交中国实验动物学会申请立项。

2020 年 9 月，起草组完成标准征求意见稿。

2021 年 1 月，征求专家意见，进行修改。

2021 年 9 月，公开征求意见。

2021 年 10 月，根据专家意见修改，形成送审稿。

2021 年 10 月，起草组根据专家意见，经全国实验动物标准化技术委员会审查通过，根据委员会意见修改形成报批稿。

2022 年 1 月，经中国实验动物学会常务理事会批准发布。

第三节 编 写 背 景

实验动物运输是实验动物全流程管理的重要环节，只有把运输环节的质量控制做好，才能确保实验动物从生产单位到使用单位保持稳定的质量。实验动物按照级别的高低对环境条件的要求不同，但即使是普通级的实验动物，也要求运输车辆内环境保持适宜的温度、合理的通风换气。

目前，全国实验动物三分之一的产量来自北京，北京生产的实验动物销往全国各地，大部分都是以陆路运输为主，实验动物运输车都由实验动物生产单位自行购置市场中的客车车型进行简单改装后用于运输动物，存在客货混运的违法行为。在新冠肺炎疫情防控期间，实验动物生产单位一直坚持生产销售实验动物，保证实验动物在疫情防控药物、疫苗研发、检测技术和产品开发、动物模型构建等方面发挥了科研条件支撑作用。疫情防控期间，由于没有使用专用车型，实验动物生产单位在全国各地运输实验动物经常受到交通处罚，罚款数额较大，足够购置多辆运输车。为了摆脱实验动物运输困境，市科委责成北京市实验动物管理办公室牵头，联合北汽福田汽车股份有限公司等单位，组织研制实验动物专用运输车并制定实验动物专用运输车标准。

第四节 编 制 原 则

本标准在充分调研的基础上，经过起草工作组成员讨论，确定标准编制遵循下列基本原则。

科学性原则：本标准编制以促进实验动物行业发展、提高实验动物质量为目标，在分析掌握目前国内外实验动物运输情况的基础上，参考了国家标准对于实验动物饲养条件的相关要求，以确保本标准内容的科学性和先进性。

合规性原则：本标准编制过程中，注意到标准术语应与相关国家标准的规定内容的一致性或兼容性，杜绝条文自相矛盾，防止出现冲突。标准内容中引用其他标准时，均明确指出所引用标准内容，便于不同标准之间的协调应用。

可操作性原则：本标准充分征求实验动物生产单位的意见和建议，提高本标准在实际应用中的可操作性。

第五节 内 容 解 读

本标准规定了实验动物运输车总体要求、货厢要求、监控要求，适用于实验动物运输车设计、改装和日常维护管理。

一、车辆总体要求

首先，提出了车辆法规符合性要求，规定实验动物运输车应符合国家产品准入条件及国家交通管理相关货物运输方面的规定，符合货物运输资质相关要求。（见 4.1）

其次，提出了车辆的基本配置和功能要求。（见 4.2）

a）为更易于控制动物运输中的环境条件，保护动物和运输人员的健康，维护动物福利，标准推荐选用封闭式厢式货车，要求驾驶室与货厢需物理隔离，隔板上应设置不小于 30 cm×40 cm 并可开启的透明观察窗；应配置冷、暖空调系统。

b）标准提出了车辆正常工作的具体指标要求，以满足全国各地因天气和海拔的不同产生的需求和实验动物运输工作的需要。

ⅰ）能在 −35℃～50℃ 环境温度中正常工作。

ⅱ）能在 3000 m 海拔正常工作。

ⅲ）货厢内部防护性能需满足 GB/T 4208—2017 中 IP4X 的要求，防腐蚀，无锐角。

ⅳ）整车电磁兼容需满足 GB/T 34660 相关要求。

ⅴ）车辆内外耐清洗、消毒。

二、货厢要求

标准从货厢配置条件和货厢内环境控制要求两方面进行了规定，以达到适宜条件，保障实验动物的健康和福利。

（一）货厢配置条件（见 5.1）

a）对货厢内部、地板、车门提出密闭、保温、环保等要求。

b）对固定运输箱和货架提出要求。

c）为满足动物对通风换气、温湿度的需要，标准提出了要求。

d）为实现对动物运输环境的实时监控，标准规定了温湿度监测和视频监控要求，同时对货厢的照明进行了规定。

（二）货厢内环境控制要求

参照实验动物在设施内的环境条件标准要求，结合车辆试验，提出了运输车货厢内的温度、换气次数、噪声指标要求。（见 5.2）

本标准要求车辆货厢空调系统应自动调节货厢内温度在 16℃～28℃。换气量在 3 次/h～10 次/h 内可调节，同时风量可均匀分布，车厢内动物及工作照度在 20 lx～200 lx 可调，在 100 km/h 车速下小型汽车货厢内部噪声应低于 85 dB、卡车货厢内部噪声低于 100 dB 等要求，经过试验得出，货厢内部温度可维持在16℃～26℃，车辆主动换气装置最大换气量为15 次/h，小型货车货厢内最大噪声为85 dB。

图1为采暖实验中的采暖温度曲线。本实验测试起始温度为–20℃，空调设定温度为21℃，经过2 h温度达到平衡，车厢内温度可实现在16℃～26℃波动。

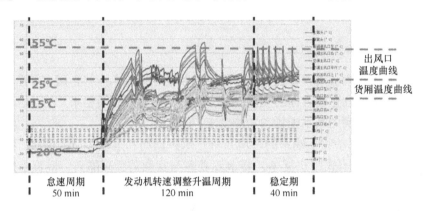

图1　采暖温度曲线图

图2为制冷实验中的制冷温度曲线。本实验测试起始温度为39℃，空调设置温度为21℃，30 min可达到设定温度，且实现热平衡，车厢内温度可实现在16℃～26℃波动。

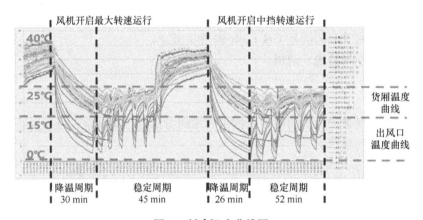

图2　制冷温度曲线图

三、监控要求

根据实验动物生产单位的需求，方便单位对动物运输过程全程监控，标准对驾驶室监控和远程监控、突发情况的应对进行了规定。（见上册中的"监控要求"部分）

第六节　分　析　报　告

实验动物运输条件是影响实验动物质量的重要因素之一。目前实验动物行业没有运输实验动物专用的特种车辆，而实验动物运输过程中又需要控制温度和换气次数及空气洁净度，因此多数单位利用面包车或客车改造后用于运输实验动物。客货混运是交通违法行为，一旦交警发现就会被处罚（既罚分又罚款），实验动物生产和使用单位对此反映强烈。另外，客车简单改装，存在车厢内冬季供暖保温不够、夏天制冷降温不足经常出现动物感冒或中暑现象，造成浪费，也无法保证运输中的动物福利。通过本标准的制定，一方面使得实验动物运输车有标可寻，满足实验动物运输的需求，另一方面标准为下一步实验动物运输车合法运营提供申报条件，最终将为实验动物相关单位解决实验动物运输中存在的突出问题，社会综合效益显著。

第七节　国内外同类标准分析

本标准尚无国标和国外标准。

第八节　与法律法规、标准的关系

目前，我国实验动物管理已实现依法管理，有国务院行政法规1部：《实验动物管理条例》，北京、广东、黑龙江、湖北、吉林、云南发布了6个地方性法规。上述法规均对实验动物的运输提出了管理要求。

《实验动物管理条例》第二十一条　实验动物的运输工作应当有专人负责。实验动物的装运工具应当安全、可靠。不得将不同品种、品系或者不同等级的实验动物混合装运。

《北京市实验动物管理条例》第二十八条　运输实验动物应当使用符合国家和本市要求的专用车辆。运输实验动物使用的笼具应当符合所运实验动物的微生物和环境质量控制标准。不同品种、品系、性别和等级的实验动物，不得在同一笼具内混合装运。实验动物运输的管理办法，由市科学技术部门会同交通、公安机关交通管理部门制定。

《广东省实验动物管理条例》第十七条　运输实验动物时，使用的笼器具、运输工具应当符合安全和微生物控制等级要求，不同品种、品系和等级的实验动物不得混装，保证实验动物达到相应质量等级。第二十九条　从事实验动物工作的人员在生产、使用和运输过程中应当维护实验动物福利，关爱实验动物，不得虐待实验动物。

《黑龙江省实验动物管理条例》第十八条　运输实验动物的工具和笼器具，应当符合所运输实验动物的微生物和环境质量控制标准。不同品种、品系、性别或者等级的实验动物，不得在同一笼器具内混合装运。运输实验动物的单位和个人应当凭实验动物生产许可证进行运输。

《湖北省实验动物管理条例》第十三条　运输实验动物应当严格遵守国家有关规定，使用符合实验动物质量标准、等级要求的运输工具和笼器具，保证实验动物的质量及健康要求。不同品种、品系和等级的实验动物不得混合装运。

《吉林省实验动物管理条例》第十五条　运输实验动物的车辆和使用的笼具应当符合实验动物等级和动物福利要求，不得在同一笼具内混合装运。

《云南省实验动物管理条例》第十七条　运输实验动物的工具和笼器具，应当符合所运输实验动物的微生物和环境控制标准。不同品种、品系、性别和等级的实验动物，不得在同一笼器具内混合装运。

《实验动物 环境及设施》（GB 14925—2010）中对实验动物运输工具提出了以下要求。

a）运输工具能够保证有足够的新鲜空气维持动物的健康、安全和舒适的需要，并应避免运输时运输工具的废气进入。

b）运输工具应配备空调等设备，使实验动物周围环境的温度符合相应等级要求，以保证动物的质量。

c）运输工具在每次运输实验动物前后均应进行消毒。

d）如果运输时间超过 6 h，宜配备符合要求的饲料和饮水设备。

本标准按照实验动物法规和国家标准的要求，进一步细化了实验动物运输工具的配置和技术要求，更具操作性。

第九节 重大分歧意见的处理和依据

无重大分歧。

第十节 作为推荐性标准的建议

建议作为推荐性标准。

第十一节 标准实施要求和措施

建议在标准发布后，组织宣贯会，对标准相关问题进行明确的说明。

第十二节 本标准常见知识问答

无。

第十三节 其他说明事项

无。

第二章　T/CALAS 100—2021《实验动物　绿色实验动物设施评价》实施指南

第一节　工作简况

根据中国实验动物学会实验动物标准化专业委员会下达的 2017 年团体标准制（修）订计划安排，由中国建筑科学研究院有限公司负责团体标准《实验动物　绿色实验动物设施评价》的编制工作。该工作由全国实验动物标准化技术委员会（SAC/TC281）技术审查，由中国实验动物学会归口管理。本标准的编制工作是按照 GB/T 1.1—2020《标准化工作导则　第 1 部分：标准化文件的结构和起草规则》的要求进行编写的。

第二节　工作过程

2020 年 5 月 29 日，《实验动物　绿色实验动物设施评价》启动会暨第一次工作会议以网络会议的形式召开。标准主编单位对《实验动物　绿色实验动物设施评价》的重要性及主编单位标准编制工作情况做了阐述，指出《实验动物　绿色实验动物设施评价》用于对实验动物设施的绿色性能评价，以完善绿色建筑评价体系，促进实验动物设施绿色化发展，节约资源，保护环境；并介绍了本标准立项背景和目的、国内外相关标准现状、与现有标准的相关性及协调性、标准框架及核心内容、工作基础等。会议确定标准框架为：范围、规范性引用文件、术语和定义、基本规定、安全耐久、健康舒适、使用便利、资源节约、环境保护、提高与创新。会议确定了控制项、评分项、加分项的原则：控制项需全部满足才可进行绿色实验动物设施评价，一条不满足则不具有参评资格；以节约资源、保护环境、减少污染为目的，在安全、健康、舒适、高效的使用空间方面提出可操作性评价的作为评分项；兼顾未来发展趋势，将提高性条文作为加分项。

2020 年 6 月 11 日，中国实验动物学会团体标准《实验动物　绿色实验动物设施评价》第二次工作会议以网络会议的形式召开。会议中专家对初稿各章内容展开了积极讨论，逐条提出了修改建议，重点针对安全、使用便利、环境保护等进行了深入讨论。最后确定：①主题简洁明确：一个条文一个主题，语言简洁，表达明确。②抓住主要矛盾：各章控制项数量控制在 3～5 条，引用现有标准中的强制性条文不再重复列出；评分项体现实验动物特色，通用性条文不再列出；③分值合理设置：最小分值 5 分，最低不可低于 3 分；④条文编号层级：三级编号；⑤条文相似性重复：避免含义相似性条文重复出现；⑥创新项：借鉴国外先进发展方向，鼓励发展相关技术。

2020 年 6 月 23 日，中国实验动物学会团体标准《实验动物 绿色实验动物设施评价》第三次工作会议以网络会议的形式召开。会议对标准的条文进行了逐条讨论，形成了条文的征求意见稿初稿。会后，标准编制秘书组对该标准的编制进行进一步整理，并形成最终的征求意见稿。

2021 年 4～5 月，中国实验动物学会公开征集意见，2021 年 9 月中国实验动物学会组织专家召开征求意见稿讨论会。

2021 年 9 月，起草组根据专家意见，形成标准送审稿。

2021 年 10 月，经全国实验动物标准化技术委员会审查通过，起草组收到审查意见，针对审查意见进行逐条讨论修改，形成报批稿。

2022 年 1 月，经中国实验动物学会常务理事会批准发布。

第三节　编　写　背　景

实验动物在生命科学领域相关的研究中应用广泛，实验动物设施是实现实验动物标准化的重要保障。实验动物设施涉及多个专业与学科，在实验动物设施规划、建设与使用过程中，涉及选址、场地布局、建筑设计、空调通风和空气净化、给水排水、污物处理、电气控制、施工及装修、运行与维护等多方面内容。

近年来，国家高度重视绿色建筑发展，确定了"十三五"期间创新、协调、绿色、开放、共享的五大发展理念并确立了"适用、经济、绿色、美观"的建筑方针。实验动物设施精度和稳定性控制要求高、资金投入大，运行成本高，管理要求严。因此，制订并实施适合我国国情的、统一的、规范的全寿命期内的绿色实验动物设施评价标准，对于实现实验动物设施领域绿色发展具有十分重要的作用。

针对实验动物设施，对实验动物设施全寿命期内安全耐久、健康舒适、使用便利、资源节约、环境保护等性能进行综合评价是绿色实验动物设施评价需要解决的关键问题。

目前存在的主要问题如下。

a）针对绿色实验动物设施评价方面无适用标准：就实验动物设施相关标准而言，目前主要有 GB 50447《实验动物设施建筑技术规范》、GB 14925《实验动物 环境及设施》，两个标准均偏重于设计层面，对全寿命期内实验动物设施的实际性能和运行效果涉及过少甚至空白。现存的绿色建筑评价标准如 GB 50378《绿色建筑评价标准》，对绿色实验动物设施的评价针对性差，且适用性不足。

b）实验动物设施全寿命期的过程管理薄弱，使用效果不佳：实验动物设施跨越多个专业与学科，需统筹兼顾，综合考虑。在规划、建设与使用过程中，涉及工艺布局、空调通风、空气净化、给水排水、污物处理、施工、运行与维护等多方面内容。建设方大多不具备专业的设计、施工、运营管理经验，设计及施工单位通常会按照普通实验室去执行，导致多数实验动物设施的环境控制效果不佳、规范性和可操作性差，产生实验结果不合格、日常运行费用偏高等诸多问题，建设方只能对实验室再次改造，造成资源、人员、经济的巨大浪费。相关从业人员水平参差不齐，亟须出台相关的评价标准，规范并加强绿色实验动物设施全寿命期的过程管理。

第四节　编 制 原 则

（一）科学性原则

在尊重科学、实践调研、总结归纳的基础上，制定本标准。

（二）适用性原则

本标准适用于所有实验动物设施。

（三）实用性、可操作性原则

实验动物设施的评价包括安全耐久、健康舒适、使用便利、资源节约及环境保护等，本标准针对不同方面给出了具有操作性的评分系统及评分标准，对评价绿色实验动物设施具有实际意义。

第五节　内 容 解 读

一、范围

本标准规定了绿色实验动物设施的基本要求、等级划分及评价方法。绿色实验动物评价分为设计评价和建成评价，评价等级分为基本级、一星级、二星级、三星级 4 个等级。

本标准适用于实验动物设施的绿色性能评价，包括安全耐久、健康舒适、使用便利、资源节约及环境保护等。

二、规范性引用文件

GB 3096　　《声环境质量标准》
GB 5749　　《生活饮用水卫生标准》
GB 8978　　《污水综合排放标准》
GB 14925　　《实验动物　环境及设施》
GB 16297　　《大气污染物综合排放标准》
GB 18871　　《电离辐射防护与辐射源安全基本标准》
GB 50314　　《智能建筑设计标准》
GB 55015　　《建筑节能与可再生能源利用通用规范》

三、术语和定义

列出了本标准中涉及的术语和定义，针对绿色实验动物评价定义了"绿色实验动物设施"和"建成评价"。

四、基本规定

1. 评价对象

绿色实验动物设施的评价对象是涉及实验动物生产、实验等用途的建筑及设备设施。

2. 评价分类

绿色实验动物设施评价分为设计评价和建成评价。施工图设计完成之后可申请绿色实验动物设施的设计评价；实验动物设施竣工后，方可进行绿色实验动物设施的建成评价。

3. 评价文件

参与绿色实验动物设施评价条文的文件包括相关设计文件（含设计说明、计算书等）、竣工图、产品检验报告、水质监测报告、室内噪声监测报告、测试报告等。评价机构需针对每条所评条文审查相关文件，出具评价报告后，方能确定等级。

五、安全耐久

本章针对实验动物设施特点，制定相应控制项条文，满足其结构安全、动物防护、防火安全等要求。实验动物设施中使用的高压灭菌器、清洗池等都是大荷载设备，结构安全等级应满足相应要求，且能承载大型设备的荷载；除此之外还需考虑实验动物逃逸及其他动物的进入等。

安全包括抗震性能、耐火等级、防火安全等。耐久包括结构耐久、部品构件耐久及材料耐久。

实验动物设施是进行实验动物生产和实验十分重要的场所，其防火安全十分重要，GB 50447《实验动物设施建筑技术规范》中要求"屏障环境设施的耐火等级不应低于二级，或设置在不低于二级耐火等级的建筑中"（非强制性条文），因此适当提升耐火极限、提高设施的耐火等级及设置极早期火灾探测报警系统是绿色实验动物设施的评分要求。

实验动物设施常采用过氧化氢、过氧乙酸等进行设备设施的清洗，过氧化氢是爆炸性强氧化剂，有急性毒性和致突变性，对实验动物的生产及实验均有一定威胁，因此需采取相应措施。

实验动物生产及实验所需环境指标要求下，均需相应设备支撑，一旦断电，其通风过滤、空气调节系统等均处于瘫痪状态，严重影响实验动物的生产及实验，因此需设置双路供电。

六、健康舒适

本章主要从动物福利及人员健康舒适出发来制定。

1. 空气质量

按照每人每天工作 8 h，每周 5 天工作在实验动物设施内，氨浓度必须低于 17.5 mg/m³ 才无损于健康，并且低于 14 mg/m³ 的氨浓度才能保证实验动物健康安全，因此对实验动物设施内的氨浓度进行分级评价。

我国的绿色产品标准包括：GB/T 35601《绿色产品评价 人造板和木质地板》、GB/T 35602《绿色产品评价 涂料》、GB/T 35609《绿色产品评价 防水与密封材料》、GB/T 35610《绿色产品评价 陶瓷砖（板）》、GB/T 35613《绿色产品评价 纸和纸制品》等。

2. 声环境和光环境

噪声一般指频率高、振幅大、带有冲击性或具有无规律性的声波，给人和动物带来心理的或生理不利影响的声音。环境噪声可使动物的繁殖率下降，妊娠中断，妨碍受精卵的着床，应对环境噪声进行评价。

3. 室内热湿环境

环境的温湿度稳定性对实验动物的生产及实验均有重要影响，因此对实验动物设施不同环境内温湿度的波动幅度进行评价，波动幅度越小，温湿度越稳定，分值越高。

七、使用便利

1. 工艺布局

走廊应足够宽敞，以便于工作人员和设备的流通。宽度最小为 1.80 m 的走廊能够适应大多数动物设施的要求。地墙结合处的设计应便于清洁。动物房的门框应足够大（最小为 0.9 m），以便于笼架和设备的通过。门扇和门框应结合紧密，以防害虫侵入和藏匿。

2. 配套设施

笼具自动清洗设备更适应实验动物的生产需求，可实现笼具快速、高洁净标准、批量处理清洗的目标。采用链式管道或真空管道输送系统输送废弃物或物料可有效避免污染。

3. 智慧运行

对实验动物设施能源资源耗量设置管理系统，设置电、水、热的能耗计量系统和能源管理系统是实现节能运行、优化系统设置的基础条件，能源管理系统使能耗可知、可见、可控，从而达到优化运行、降低能耗的目的。

4. 设施管理

设施管理的条文在设计评价时不参评，建成评价时参评。

八、资源节约

高压灭菌锅、自动洗笼机等实验动物设备耗热量、耗水量大，充分利用设备的余热废水是节约实验动物设施资源的重要手段。

九、环境保护

实验动物设施的环境保护主要指室外环境，废气、废水、废物等需满足有关要求方可排出，优于相关要求的指标可做评分。

十、提高与创新

本章条文均为评价实验动物设施的加分项，得分为加分项得分之和，当得分大于 100 分时，应取为 100 分。

第六节　分　析　报　告

无。

第七节　国内外同类标准分析

无。

第八节　与法律法规、标准的关系

与现行法律法规没有冲突。本标准在满足 GB 14925《实验动物　环境及设施》基础上，对安全耐久、健康舒适、使用便利、资源节约、环境保护等提出了更高的要求，作为评分项及加分项。

第九节　重大分歧意见的处理和依据

无。

第十节　作为推荐性标准的建议

建议作为推荐性标准。

第十一节　标准实施要求和措施

本标准发布实施后，建议积极开展宣传贯彻、培训活动，面向各实验动物生产和动物实验的单位及个人，宣传贯彻标准内容。

第十二节　本标准常见知识问答

无。

第十三节　其他说明事项

无。

第三章 T/CALAS 101—2021《实验动物 东方田鼠遗传质量控制》实施指南

第一节 工作简况

东方田鼠是目前发现的唯一一种具有天然抗血吸虫病特性的哺乳动物,部分亚种已被实验动物化并建立了封闭群,但缺乏相关的遗传质量控制标准。2020年初,中国实验动物学会发布了实验动物团体标准的征集需求,上海实验动物研究中心联合上海市农业科学院畜牧兽医研究所与上海市计划生育科学研究所实验动物经营部针对国内东方田鼠遗传相关标准空白的现状申报了本标准并得到立项。本标准通过了全国实验动物标准化技术委员会(SAC/TC281)的技术审查,由中国实验动物学会归口。

第二节 工作过程

2020年3月中国实验动物学会提出了实验动物团体标准的征集需求。上海实验动物研究中心联合上海市农业科学院畜牧兽医研究所与上海市计划生育科学研究所实验动物经营部按照团体标准研制要求和编写工作的程序,成立了标准起草组,成员包括倪丽菊、高骏、谢建芸、柏熊。根据标准起草工作分工,倪丽菊负责标准草案编制及监督工作进度,高骏负责数据收集分析,谢建芸负责方法验证及标准资料校对,柏熊负责动物组织样品的收集及标准资料校对。

2020年3~4月标准起草组在已有研究成果的基础上,进行资料收集、数据分析整理,制定了标准草案,并于2020年4月向中国实验动物学会提交了标准提案。2020年7月,该提案通过了中国实验动物学会实验动物标准化专业委员会的审核,进而得到立项。

2020年7~10月标准起草组根据中国实验动物学会实验动物标准化专业委员会的专家建议对标准草案进行了修改和完善,并委托两家单位与本单位一起对标准中涉及的检测方法进行了验证,最终形成了本标准征求意见稿。

2021年4~5月中国实验动物学会公开征集意见。2021年9月中国实验动物学会组织专家召开征求意见稿讨论会。

2021年9月起草组根据专家意见,形成标准送审稿。

2021年10月本标准通过了全国实验动物标准化技术委员会的技术审查,根据审查意见修改形成标准报批稿。

2022年1月经中国实验动物学会常务理事会批准发布。

第三节 编 写 背 景

东方田鼠（*Microtus fortis*）原是洞庭湖地区的重要鼠害，因其具有特殊的抗血吸虫病特性而受到研究人员的青睐，是我国正在开发的实验动物新品种。上海实验动物研究中心自 1998 年引进野生东方田鼠开始人工饲养并逐渐建立了清洁级的封闭群东方田鼠，其间完成了包含遗传特性在内的大量生物学特性的测定研究、动物模型构建，以及遗传、微生物和寄生虫等多项东方田鼠质量检测方法的建立。东方田鼠作为新型实验动物除用于抗血吸虫病机制研究外，还可应用于脂肪肝模型、卵巢癌模型、糖尿病模型等研究中。随着研究的深入，东方田鼠的标准化显得尤为重要，东方田鼠的质量标准是规范和衡量其质量的基础，对保证其科学研究的科学性、可靠性和重复性具有重要作用。

本标准以群体遗传学理论为依据，在前期研究的基础上，结合目前尚无东方田鼠近交系的现状，重点围绕封闭群东方田鼠，对已开发的微卫星位点组合进一步优化，建立了封闭群东方田鼠微卫星 DNA 标记的检测方法，并制定了东方田鼠的遗传质量标准，为封闭群东方田鼠的种群繁殖、遗传质量监测提供了依据。

第四节 编 制 原 则

本标准在制定中主要遵循以下基本原则。

a）本标准编写格式应符合 GB/T 1.1—2020 的规定。

b）本标准规定的技术内容及要求应科学、合理，具有适用性和可操作性。

c）本标准的水平应达到国内领先水平。

第五节 内 容 解 读

本标准由范围、规范性引用文件、术语和定义、封闭群东方田鼠命名、封闭群东方田鼠的繁殖方法、封闭群东方田鼠的遗传质量监测、封闭群东方田鼠遗传信息档案的管理、附录共 8 部分内容构成。现将本标准的主要技术内容说明如下。

一、封闭群东方田鼠的定义、命名的确定

依据封闭群的遗传学理论并参考 GB 14923—2010《实验动物 哺乳类实验动物的遗传质量控制》制定。

封闭群东方田鼠：经人工饲育，对其携带的病原微生物和寄生虫实行控制，遗传背景明确或来源清楚，用于科学研究、教学、生产、检定及其他科学实验的东方田鼠，以非近亲交配方式进行繁殖生产，在不从外部引入新个体的条件下，连续繁殖 4 代及以上的种群。

封闭群东方田鼠的命名：由 2～4 个大写英文字母命名，种群名称前标明保持者的英文缩写名称，第一个字母应大写，后面的字母小写，一般不超过 4 个字母。保持者与种群名称之间用冒号分开。

二、封闭群东方田鼠繁殖方法的确定

原则是尽量保持封闭群东方田鼠的基因异质性及多态性,以非近亲交配方式进行繁殖,避免近交系数随繁殖代数增加而过快上升。作为繁殖用原种的封闭群东方田鼠应遗传背景明确,来源清楚,有较完整的资料(包括种群名称、来源、遗传特性及主要生物学特征等)。为保持封闭群东方田鼠的遗传多样性,引种的数量需足够多,在保证每代近交系数上升不超过1%的前提下,引种数量一般不少于25对。封闭群应足够大,并尽量避免近亲交配。根据封闭群的大小,选择采用循环交配法或随机交配法等方法进行繁殖。具体繁殖方法参照 GB 14923 执行。

三、封闭群东方田鼠遗传检测方法的确定

(一)微卫星 DNA 标记检测方法的确定

微卫星(microsatellite)又称短串联重复序列(short tandem repeat,STR),在真核生物的基因组中广泛分布,平均间隔 10 kb~50 kb,具有多态信息含量高、呈共显性遗传、易于 PCR 检测等优点,适合自动化和半自动化分析。微卫星 DNA 标记已成为一种重要、成熟的遗传工具,被广泛应用于生物群体的遗传特性分析中。

上海实验动物研究中心从 2008 年开始针对当时已知基因组信息极少的东方田鼠建立微卫星富集文库,从中随机挑选 70 个阳性克隆,经测序分析,获得微卫星序列 92 个。设计合成 27 对微卫星引物并成功筛选出 21 对可用引物(表 1),取其中 10 对引物,荧光标记后对 3 个人工驯养及野生东方田鼠种群进行遗传多样性分析(表 2 和表 3)(倪丽菊等,2011)。

表 1 东方田鼠的微卫星标记及其引物扩增条件

位点编号	GenBank 登录号	引物序列 (5′→3′)	核心序列	产物大小 /bp	复性温度 /℃	Mg^{2+}浓度 /(mmol/L)
MFA01	FJ425056	F:TGTGGTGTGCCCCTATAGTC R:CAGCCAGGGTGACAAAGT	(GT)$_{26}$	160	50	1.5
MFA03	FJ425058	F:AGAGGGAGGTGAAGCCAAC R:CTCGGAGTTCCTACTGTGC	(TG)$_{18}$(AG)$_{31}$	192	48	1.5
MFA04	FJ425059	F:GGAAGGGTGACTGAGATG R:AGTGCAAGCAAGACTAGGAC	(AC)$_{19}$	142	58	1.5
MFA07	FJ425061	F:ACACCCTGTCCTTCATCTG R:GACCCTGGCTACAATCTC	(AC)$_8$AT(AC)$_{10}$	230	58	1.5
MFA08	FJ425062	F:TCATCTCCGCAGTCTTTC R:CCCAATCTTGTTTAGGGTAG	(TC)$_{24}$	227	52	1.5
MFA20	FJ425069	F:CGACTTCAGCCTGCATAT R:AGGTACGGTCCTCACTCTTC	(AC)$_{23}$	185	52	1.0
MFA21	FJ425070	F:ACATGTGCACCCACATACACATTC R:AGAGGGGCAAAGAAAGTT	(TC)$_7$…(CA)$_9$ (CGCA)$_7$	196	54	1.5
MFA23	FJ425072	F:TTGGATGTGGGTCAAGAAG R:GCTGAGTTAGCCTATTAGTGG	(GT)$_{29}$(GC)$_7$	253	54	1.0

续表

位点编号	GenBank 登录号	引物序列（5′→3′）	核心序列	产物大小 /bp	复性温度 /℃	Mg²⁺浓度 /(mmol/L)
MFA28	FJ425077	F：AGAGAGTGGAGTCAGGTCAT	$(TG)_{23}$	201	50	1.0
		R：CCTATATGGCAATCTTTCC				
MFA29	FJ425078	F：AGGTGTTCCCGAGCTGTGAG	$(AC)_{18}A$	268	61	1.5
		R：GGTTGCATGGATGACCCTGC	$(CACG)_3$			
MFA38	FJ425084	F：CCAGCCAGGATTAGTTAGAG	$(AC)_{25}$	327	54	1.5
		R：GCTATTCTCAAAGGACCACC				
MFA39	FJ425085	F：TTAATCTCAGCACTTGGGAG	$(AAAC)_5$	227	54	1.0
		R：TGTAGCAGTATTGATGGCTG				
MFA45	FJ425076	F：GGCTGAGTTTCATCTGATGCC	$(CAC)_6(CAA)_5$	159	48	1.5
		R：TGGTCATGGAGTCCCTTC				
MFA48	FJ425090	F：GCAAATAGTGAGGACCCG	$(GT)_{24}A(TG)_5$	147	58	1.5
		R：ATCTGCCTGCCTCCATTC				
MFB06	FJ787515	F：CTCTGCTGAAATGCCAAAGC	$(GCC)_4(GCT)_5$	320	58	1.5
		R：TAAAGTAGCCGAGGACCAGT				
MFB07	FJ787516	F：AGGCAGGTGGATCGCAGT	$A_{11}CCAA$	201	56	1.0
		R：TCCCGAGTTCAAGGACAGC	$(AAAC)_6$			
MFB17	FJ787517	F：TACAAGCACAAGAACCTGAGT	$(GAGGCG)_9$	135	53	2.0
		R：CCTCTAACTCATTGATATCTGTC				
MFB20	FJ787518	F：TTCCTCCCAGTTGCAGCAGAC	$(TTTG)_5$	140	54	1.0
		R：CACATCAAGGGTCCCACGAGT	$(TTTTG)_3$			
MFB41	FJ787522	F：GACCATAAAGTGAGATGCTACC	$(AAAC)_9$	237	52	1.5
		R：AGTGCTGGGATTAAAACG				
MFB44	FJ787525	F：CAAGCGGGGGGTATCTCAC	$C_{11}GAG(GAC)_6$	201	58	2.0
		R：GGCAGGAGGCTTAGCGGAC				
MFB47	FJ787526	F：TCCTCGGACTTTCACATC	$(GGC)_3(GC)_3G_3$	149	49	1.5
		R：CCCTTATCCCTCCAGTTT	$(CA)_{23}$			

注：F表示正向引物；R表示反向引物

资料来源：倪丽菊等，2011

表2　东方田鼠各微卫星位点的基因组扫描信息

位点编号	样本量	等位基因片段长度/bp	观测等位基因数	有效等位基因数	观测杂合度	期望杂合度	多态信息含量
MFA01	81	136～166	11	3.2257	0.6173	0.6943	0.6730
MFB06	81	305～332	7	2.6010	0.3457	0.6194	0.5700
MFA04	81	128～156	14	7.9963	0.7778	0.8804	0.8630
MFA08	81	227～259	12	5.0547	0.4691	0.8071	0.7770
MFA23	81	203～269	16	5.5019	0.6420	0.6724	0.7960
MFA45	81	153～180	7	2.8713	0.2593	0.7893	0.6150
MFA29	77	258～284	9	3.0127	0.5195	0.8233	0.6430
MFB47	81	123～159	13	4.6384	0.4321	0.6558	0.7550
MFB41	81	213～249	9	4.8243	0.5432	0.7930	0.7620
MFA48	81	123～149	12	4.7184	0.5802	0.7976	0.7620

资料来源：倪丽菊等，2011

表 3　东方田鼠各种群的基因组扫描信息

种群名称	观测等位基因数	有效等位基因数	观测杂合度	期望杂合度	多态信息含量
湖南（驯养）	5.8000	3.2849	0.6081	0.6608	0.6060
宁夏（驯养）	5.1000	1.9282	0.2478	0.4227	0.3870
湖南（野生）	8.2000	5.8970	0.7850	0.8228	0.7740

资料来源：倪丽菊等，2011

2012 年我们对先前构建的东方田鼠基因组微卫星富集文库继续进行筛选具有多态性的标记，并从东方田鼠的 BAC 文库中筛选了 21 个具有多态性的微卫星标记（表 4）。

表 4　来自东方田鼠 BAC 文库的部分微卫星标记信息

引物编号	核心序列	引物序列（5′→3′）		退火温度/℃	产物长度/bp	Mg^{2+}浓度/（mmol/L）
MFAC01-10	（AGAC）$_6$（AC）$_7$	F：CTAAAGTTGCCTTTTGGCTC		59	256	1.5
		R：AATGGGTCTGCTCCTGTG				
MFBAC42-31	（AC）$_{22}$	F：AACTCAGAGATGGAACAC		60	172	1.5
		R：CCAAGCACATACCACTAC				
MFBAC66-06	（TC）$_{24}$	F：TAGGCAAGCACTCTAAC		55	261	1.5
		R：ACAAACAGGCAACCTCC				
MFBAC91-44	（CA）$_{20}$	F：CTGGTCATCATTCCATGTATAG		60	329	1.5
		R：CGTTGAAGAGGAAGGTGAAC				
MFBAC94-29	（CA）$_{22}$	F：GCAGGTTTAGTTACTCTC		55	305	1.5
		R：TACAACATACACACATTT				
MFBAC57-07	（GC）$_5$（AC）$_{16}$…（CA）$_5$	F：AGCCTCAACAGATTCTAGGAC		59	196	1.5
		R：CACACTATTGGCAGTCTCT				
MFBAC104-10	（AC）$_{18}$…（GA）$_5$…（AG）$_{27}$	F：GCTTAACCTCTGGCTTCC		56	191	1.5
		R：AAGACGCTAACCTTGGAG				
MFBAC107-14	（AC）$_{25}$	F：TGGTCAGTCAGTCTATTCTAC		59	461	1.5
		R：GTTGCCTCCTCTCAGATAG				
MFBAC107-05	（AAAG）$_{16}$	F：TAGTGAAGCCAACAACCAAAAT		62	244	1.5
		R：CAAGGAAGTGAGAGGAACAT				
MFBAC101-07	（AC）$_{25}$	F：TAGAATCTGTGTTTGCCCTT		59	423	1.5
		R：AGTTTCATATACTGTTCAGC				
MFBAC85-31	（AC）$_{10}$	F：GGAAGCGATTGAGGAAGT		59	234	1.5
		R：AGTCTGGAGGAGGATTGAT				
MFBAC88-41	（CA）$_{22}$…（AC）$_6$…（AC）$_5$	F：GTGTGTCCTTTCCCTCAG		59	323	1.5
		R：AGTCATTGGTGTCGTCTC				
MFBAC120-41	（AC）$_{16}$G（CA）$_8$	F：CGCTTCCTGAGTAATGAGAT		61	479	1.5
		R：GCTTATTCCTTGGCTGTG				
MFBAC133-05	（CT）$_{24}$（CA）$_{15}$T（AC）$_4$	F：ATTCAACCACTGCCACTC		59	199	1.5
		R：ATTCCACAACATCCTTCCTT				
MFBAC133-32	（AC）$_{23}$	F：ATCGCCAGAATCTACATCC		56	208	1.5
		R：CCAAGTGACAGTGAGAGG				
MFBAC52-05	（CA）$_{17}$	F：CTCCAGTTCCAGTCAGAG		56	283	1.0
		R：AAGGTCAATCTTGGTGGTT				

续表

引物编号	核心序列	引物序列（5'→3'）	退火温度/℃	产物长度/bp	Mg^{2+}浓度/（mmol/L）
MFBAC52-29	（GTT）$_5$	F：CACAGCAAGCATTCTTCC	56	135	1.5
		R：GTCAGCCTCAGTTATATGGT			
MFBAC67-34	（AC）$_{26}$	F：AAGCAGAGGACAGTAATGG	54	148	1.5
		R：CCTTGAACTTGGAGAATGAC			
MFBAC95-42	（AC）$_{19}$	F：CGATAAAACACCAGGACCAAAAG	63	253	1.5
		R：CTCTGGGTTCACAGCCTCTC			
MFBAC97-06	（TC）$_{26}$（CA）$_{14}$CG（CA）$_5$（AC）$_{25}$	F：CCACCCTGTTCAGTTTAG	57	294	1.5
		R：ATTTCATTCTCATCGGCT			
MFBAC114-22	（AC）$_{16}$G（CA）$_8$	F：CAGGCTATCCATGCTCTC	58	407	1.5
		R：CGGTGACAATTCTCCTAGCAG			

2016 年，我们对前期筛选到的微卫星标记，利用荧光多重 PCR 分型技术，进一步筛选优化到 7 个引物组合内含 20 个微卫星标记，并对湖南、广西、福建、宁夏 4 个地区的野生东方田鼠群体进行了遗传多样性分析（高骏等，2016）。在 20 个位点中，只有 MFBAC52-29 位点的 PIC 值为 0.370，处于 0.25～0.50，属于中等多态性位点，其他 19 个位点的 PIC 值均大于 0.5，表现为高度多态性位点（表 5）。

表 5　20 个微卫星（STR）位点的遗传多样性参数

位点	样本数（n）	有效等位基因数（Ne）	观测杂合度（Ho）	期望杂合度（He）	多态信息含量（PIC）
MFA50	62	8.992	0.435	0.896	0.878
MFBAC133-32	61	5.958	0.361	0.839	0.811
MFBAC52-05	63	11.133	0.778	0.917	0.903
MFBAC67-34	63	14.592	0.730	0.939	0.927
MFA53	63	10.138	0.619	0.909	0.893
MFA8	63	6.060	0.698	0.842	0.820
MFB41	62	2.729	0.500	0.639	0.588
MFA73	63	8.026	0.714	0.882	0.864
MFBAC107-05	63	5.069	0.746	0.809	0.774
MFBAC114-22	61	8.977	0.754	0.896	0.879
MFA56	63	11.180	0.889	0.918	0.904
MFA178	63	11.260	0.413	0.918	0.904
MFA300	63	7.859	0.794	0.88	0.859
MFBAC52-29	63	1.772	0.016	0.439	0.370
MFA247	60	9.149	0.850	0.898	0.881
MFA257	63	13.734	0.762	0.935	0.922
MFA184	62	11.883	0.758	0.923	0.910
MFA313	63	5.590	0.476	0.828	0.804
MFA356	63	10.542	0.603	0.912	0.897
MFBAC57-07	63	5.815	0.476	0.835	0.809

资料来源：高骏等，2016

（二）抽样要求

理论上用于群体遗传分析的个体数量越多，结果越准确，但考虑实际情况与可操作性，我们要求从每个封闭群中随机抽取东方田鼠，雌雄各半。当种群数量少于或等于 100 只时，抽样数量应不少于 16 只；当种群数量大于 100 只时，抽样数量不少于 30 只。封闭群东方田鼠每年至少进行一次遗传质量监测。

（三）结果判定

群体内遗传变异采用平均观测杂合度和平均期望杂合度指标或群体平衡状态方法进行评价。当平均观测杂合度和平均期望杂合度在 0.5～0.7 时，群体为合格的封闭群东方田鼠群体。对各位点在群体内的等位基因进行 Hardy-Weinberg 平衡检测，如群体在某些位点偏离平衡状态，应加强繁殖管理，避免近交。

第六节　分　析　报　告

标准起草组对本标准涉及的封闭群东方田鼠微卫星 DNA 标记检测方法组织了上海实验动物研究中心、上海市农业科学院畜牧兽医研究所、南京农业大学动物科技学院三家单位进行比对验证。

一、材料与方法

东方田鼠基因组 DNA（20 ng/μL）30 份、荧光标记微卫星引物 18 对（微卫星位点及引物信息见附录 A）、多重 PCR 扩增试剂盒（天根 KT-109）等均由上海实验动物研究中心提供。

各单位按照附录 A 封闭群东方田鼠微卫星 DNA 标记检测方法，将 18 对荧光标记微卫星引物分成 7 个 Panel，对东方田鼠基因组 DNA 样进行 PCR 扩增，扩增产物经 2% 琼脂糖凝胶电泳检测扩增效率后用测序仪分型，然后利用 GeneMapper 软件对电泳数据进行处理。

二、结果

经验证，所用的 7 个引物组合（Panel 1～Panel 7）在 30 份东方田鼠基因组 DNA 样品中均得到良好的扩增结果。三家单位对 30 份东方田鼠基因组 DNA 在 7 个 Panel 共 18 个微卫星位点上的 PCR 检测结果均一致。部分微卫星位点的电泳分型如图 1 所示。

（a）
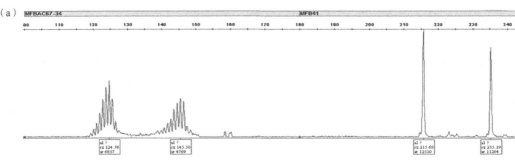

（b）
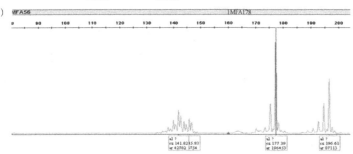

（c）
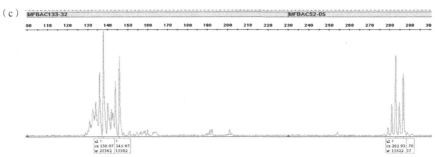

（d）

（e）
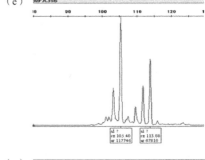

（f）
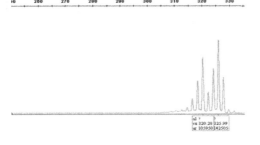

（g）
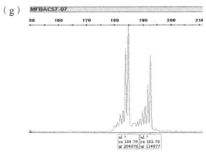

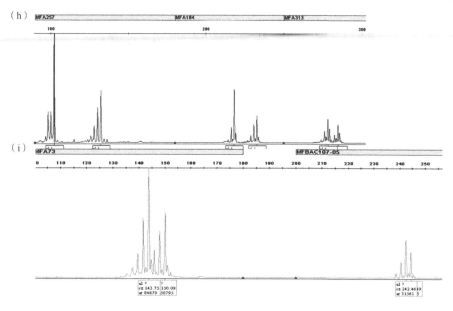

图1　部分微卫星位点的电泳分型图

第七节　国内外同类标准分析

目前国内尚无针对东方田鼠遗传质量控制的国家标准、行业标准和团体标准。湖南省地方标准 DB43/T 951—2014《实验东方田鼠饲养与质量控制技术规范》仅对东方田鼠的遗传学分类、繁殖与饲养及遗传质量检查方法做了部分描述。国际上无类似标准。

第八节　与法律法规、标准的关系

在本标准的制定过程中，严格遵循国家科学技术委员会颁发的《中华人民共和国实验动物管理条例》和国家科学技术委员会与国家技术监督局联合颁发的《实验动物质量管理办法》，同时参考 GB 14923《实验动物　哺乳类实验动物的遗传质量控制》。对比湖南省地方标准 DB43/T 951—2014《实验东方田鼠饲养与质量控制技术规范》中附录 A 微卫星 DNA 标记检测方法：该地标制定较早，所采用的微卫星 DNA 标记检测方法为我们研究组前期的研究成果，采用的微卫星位点数量较少。本标准经过大量筛选验证，不仅增加了微卫星位点数量，还采用了荧光多重 PCR 方法，进一步提高了检测的准确性和检测效率，因此本标准更具科学性和可操作性。

第九节　重大分歧意见的处理和依据

本标准在起草及多次征求专家意见过程中均未出现重大分歧意见的情况。

第十节　作为推荐性标准的建议

建议本标准发布实施后作为推荐性标准使用。

第十一节　标准实施要求和措施

本标准发布实施后，将广泛组织宣传贯彻。

第十二节　本标准常见知识问答

无。

第十三节　其他说明事项

无。

参 考 文 献

高骏, 倪丽菊, 孙凤萍, 等. 2016. 基于微卫星位点的中国 4 个野生东方田鼠群体的遗传多样性分析. 上海农业学报, 32(3): 72-77.

倪丽菊, 陶凌云, 柏熊, 等. 2011. 东方田鼠微卫星标记的富集筛选与初步应用. 遗传, 33(9): 989-995.

第四章　T/CALAS 102—2021《实验动物　小型猪饲养管理规范》实施指南

第一节　工作简况

根据中国实验动物学会实验动物标准化专业委员会 2020 年下达的《关于征集 2020 年实验动物标准化建议及标准立项的通知》，广东省实验动物监测所牵头，组织云南农业大学、海南省农业科学院畜牧兽医研究所、广东广垦畜牧集团股份有限公司共 3 家单位协作完成了《实验动物　小型猪饲养管理操作规程》团体标准的起草工作。2020 年 7 月经中国实验动物学会实验动物标准化专业委员会讨论，通过中国实验动物学会团体标准立项。此外，为提高标准的适用性，根据标准化专业委员会和专家的建议，特将题目修改为《实验动物　小型猪饲养管理规范》。本标准的编制工作按照 GB/T 1.1—2020《标准化工作导则　第 1 部分：标准化文件的结构和起草规则》和《中国实验动物学会团体标准编写规范》的要求进行编写，在编制过程中参考了实验动物国家标准、农业标准、小型猪地方标准等，并根据在几种主要小型猪品系中的应用情况和征集到的意见进行修改，从而形成了一套覆盖面较为广泛的饲养管理规范。

第二节　工作过程

在中国实验动物学会实验动物标准化专业委员会下达立项通知后，广东省实验动物监测所组织另外 3 家国内小型猪资源保存与研究工作开展较好的单位组成标准起草团队，成员包括潘金春、王希龙、闵凡贵、袁晓龙、龚宝勇、董新星、晁哲、韩先桢、严达伟，主要成员都具有高级职称或博士学位，并在小型猪领域从事多年的研究工作。在王希龙研究员的指导下，潘金春副研究员作为负责人完成标准初稿的撰写，其他同志参加了标准的起草，并对标准的内容提出了修改意见。

2020 年 9 月，起草组完成标准征求意见稿；2021 年 1 月，征求专家意见，并进行修改；2021 年 9 月，公开征求意见；2021 年 10 月，根据专家意见修改，形成送审稿，经全国实验动物标准化技术委员会审查通过，根据委员会意见修改形成报批稿，2022 年 1 月经中国实验动物学会常务理事会批准发布。

第三节　编写背景

小型猪在解剖学、生理学、疾病发生机制等方面与人极其相似，因生长缓慢、体型小、相对生产成本较低、便于实验操作管理和伦理争议小等优点，在生物医药研究等方面具有天然优势，而使其广泛应用于生命科学研究领域的各个方面。随着动物保护运动的兴起，"3R"原则的推广，犬及非人灵长类等动物使用受到限制，利用小型猪代替猴、犬进行医学生物学实验已成为趋势。

标准化是实验用小型猪所应具备的基本属性，也是在科学研究中应用所应具备的基本条件之一。饲养管理规范是小型猪标准化的重要技术规范，可以保障小型猪在保种、生产、研究和利用中的标准化水平，有利于小型猪资源管理的规范化和科学化。

牵头单位从2007年开始先后引进我国特有的小型猪资源，包括五指山小型猪、蕨麻小型猪、巴马小型猪及融水小型猪，并开展了一系列实验动物标准化研究，承担了十多项国家级、省级和市级科研项目，编制了一套包括生物学特性测定、遗传质量控制等在内的技术规范，并在小型猪种质资源基地应用。参编单位保存有五指山小耳猪、版纳微型猪等小型猪品系，涵盖目前国内主要的小型猪资源，并在资源保存、实验动物标准化、比较医学研究等方面取得一定进展和成绩，积累了丰富的基础数据资料，为本标准的制定提供了经验并奠定了坚实的基础。

第四节　编制原则

本标准的制定主要遵循以下原则：一是本标准编写格式应符合GB/T 1.1和中国实验动物学会团体标准编写规范；二是科学性原则，在尊重科学、亲身实践、调查研究的基础上，制定本标准；三是可操作性和实用性原则，所有技术规程便于使用单位操作；四是适用性原则，所制定的技术规程应适用于我国主要的小型猪品系；五是协调性原则，所制定的技术规程应符合我国现行有关法律法规和相关标准的要求，并有利于小型猪资源管理的规范化和科学化。

第五节　内容解读

本标准由范围、规范性引用文件、术语和定义、人员、生产设施、舍内环境、管理制度、质量控制、饲养技术、繁育技术、卫生和防疫、废弃物及尸体处理、档案等部分构成，标准内容从草案到送审稿经起草团队多次讨论修改，并达成一致意见。现将《实验动物　小型猪饲养管理规范》主要内容解读如下。

一、实验用小型猪的定义

参照实验动物的一般定义（GB 14925—2010），实验用小型猪是经人工饲育，对其携带的病原微生物和寄生虫等实行质量控制，遗传背景明确或者来源清楚，用于科学研究、教学、生产和检定以及其他科学实验的小型猪。

二、人员

为保证实验用小型猪生产设施的正常运行，并获得合格的标准化实验动物，应配备经过培训的技术人员和饲养人员。根据《中华人民共和国劳动法》和《中华人民共和国职业病防治法》相关规定，对从事有职业危害作业的劳动者应当定期进行健康检查。鉴于接触动物存在人兽共患病的风险，同时也为防止人将某些传染病传给动物，应该对工作人员定期进行体检。为不断提高工作人员的积极性和工作能力，跟上行业发展趋势，还应定期开展培训。

三、生产设施

生产设施的选址、场区布局和建筑要求应符合相应法律法规与标准的要求，包括农业领域和实验动物领域的有关要求。

四、舍内环境

实验动物饲养环境应符合相应标准（GB 14925—2010）的要求，相对一致、适宜的环境指标，对生产出标准化的实验动物及保证实验动物质量来说至关重要。

五、管理制度

制定一系列管理制度对于提高实验用小型猪生产繁育水平非常重要，这些制度应包含生产的主要环节和流程，如猪场/实验室管理、人员管理、饲育管理、安全管理、防疫消毒、兽医管理及实验动物福利等。按照统一的管理制度对整个动物生产进行控制，有利于提高实验用小型猪的标准化水平。

六、质量控制

为避免因动物健康问题对实验和科学研究造成影响，实验动物应符合相应的病原微生物标准（DB11/T 828.1 和 DB11/T 828.2），并需每 6 个月对其进行 1 次健康检查。

七、饲养技术

（一）饲养技术要点

建立日常巡视制度，可以及早发现猪群中存在的疾病、死亡等现象，方便及时采取处理措施，防止异常现象扩大，减少损失。将不同大小、强弱的动物分群、分栏或分笼饲养，可以有效减少咬架、意外发生，并使动物采食的饲料量相对均衡。同时，应当控制动物的采食量，在符合小型猪各阶段的营养需要与日粮营养浓度要求的基础上，适当控制体重，过度肥胖和瘦弱都不符合实验动物的质量标准。

（二）饲喂方法

为提高实验用小型猪的标准化水平，生产出合格的实验动物，应根据动物肥瘦情况适量添加饲料，并根据小型猪采食、粪便、状态的不同表现合理饲喂，做到定时、定量、定温，即"三看"和"三定"。

青绿饲料适口性好、易消化、来源广、成本低，含丰富的维生素和微量元素，可在一定程度上提高猪的生产性能，因此可以适当添加。

饲料更换对猪来说是一个应激过程，因为猪对于饲料的风味、口感等非常敏感，在熟悉一种饲料后突然更换成另一种不同的饲料，就可能产生不适反应。如没有一个过渡的适应过程，直接更换饲料，轻则减少采食，重则肠道不适引发拉稀等现象。所以，饲料改变需逐步进行。

小型猪过肥可能影响动物实验结果，对种猪来说更可能造成不发情、繁殖力弱等后果，因此需要适度控制体重。

（三）饮水

饮水应符合相应标准，同时要设自动饮水设备，确保动物不因饮水不足造成不良影响。

八、繁育技术

（一）种猪选择

根据实验动物的质量要求，所选个体必须来源明确，遗传背景清楚，有完整的繁育资料。根据遗传学的要求，其外貌也应符合品种资源特征。

（二）配种

根据哺乳类实验动物遗传质量控制的相关要求（GB 14923—2010），封闭群一般采用避免近交的方式繁殖；近交系一般采用同胞交配的方式繁殖，但考虑到大型动物近交难度较高，可辅以亲子交配方式。

（三）留种

应根据生产性能和繁殖性能等结合同胞资料进行严格选种，封闭群需考虑尽量减少近交，而近交系出于近交培育的需要，应重点考虑生产性能。

九、卫生和防疫

卫生和防疫是生产正常运行的重要保障，一旦管理不当，就可能造成生产性能下降、疫病流行甚至动物死亡的严重后果，因此必须加以重视。为减少病原生物的流入，应严格控制生产区的人流和物流，尤其引入猪时，需严格遵循检验检疫制度；为减少寄生虫和病原微生物的影响，需定期免疫和驱虫；做好场内消毒工作，可有效防止传染病的发生和蔓延；由于野外昆虫、野鼠可能携带很多致病菌，因此还要定期开展杀虫灭鼠工作；场内发生疫情时应严格按照《中华人民共和国动物防疫法》有关规定处理，邻近地区发生疫情时，也要立即采取封锁、防疫消毒等措施，防止疫情扩散到本场。

十、废弃物及尸体处理

废弃物及尸体处理应按照有关规范要求，做到无害化处理。

十一、档案

为保证实验用小型猪的标准化生产和生产过程的可追溯性，需要对人员进出、消毒、免疫及驱虫、配种、繁殖、出栏、健康检查、兽医护理等整个生产过程信息进行记录，并及时将资料整理归档。该项工作对小型猪实验动物标准化非常重要。

第六节 分析报告

本标准为小型猪饲养管理规范，可用于指导实验用小型猪的生产繁育，由于不涉及试验或验证过程，因此无需提供验证报告。本标准推广应用后，有望提高实验用小型猪生产繁育过程的标准化水平。

第七节 国内外同类标准分析

目前没有相应的国际标准。

第八节 与法律法规、标准的关系

本标准的编制依据为现行的法律法规和国家标准，与这些文件中的规定相一致。目前实验动物国家标准中没有实验用小型猪饲养管理规范。

第九节 重大分歧意见的处理和依据

本标准起草过程中，各单位都对草案和征求意见稿提出了建设性意见，但未出现重大分歧意见。

第十节 作为推荐性标准的建议

本标准批准后建议作为推荐性标准使用。

第十一节 标准实施要求和措施

本标准发布后，将在标准参编单位应用。同时，参编单位将采取多种形式，利用媒体等多种途径，组织力量宣传贯彻，逐渐向相关单位推广。

第十二节　本标准常见知识问答

无。

第十三节　其他说明事项

无其他需说明的事项。

第五章 T/CALAS 103—2021《实验动物 大型实验动物标识技术规范》实施指南

第一节 工作简况

根据中国实验动物学会实验动物标准化专业委员会通知,2020 年 4 月广东省实验动物监测所提交了《实验动物 小型猪标识技术规范》团体标准的申请,2020 年 7 月经中国实验动物学会实验动物标准化专业委员会讨论评议,该标准作为中国实验动物学会第六批团体标准立项,并建议将内容扩充到多种大动物,整合大型实验动物标记方法,统一编写,建立标识技术通则。因此,广东省实验动物监测所作为牵头单位,组织广东广垦畜牧工程研究院有限公司、肇庆创药生物科技有限公司、福州振和实验动物技术开发有限公司 4 家单位协作完成了《实验动物 大型实验动物标识技术规范》的起草工作。

本标准的编写工作按照 GB/T 1.1—2020《标准化工作导则 第 1 部分:标准化文件的结构和起草规则》和《中国实验动物学会团体标准编写规范》的要求进行编写,在编写过程中参考了猪、猴、犬等大型动物的国标、农业标准、地方标准等,并总结了几种大型实验动物繁育、生产、实验中的经验,从而形成了一种适用性较为广泛的《实验动物 大型实验动物标识技术规范》。

第二节 工作过程

在中国实验动物学会实验动物标准化专业委员会下达立项通知后,广东省实验动物监测所组织另外 3 家国内大型实验动物生产繁育工作具有代表性的单位及其技术负责人组成标准起草团队,成员包括王希龙、袁晓龙、闵凡贵、龚宝勇、潘金春、陈芳、刘艳薇、游毅、吕航等。王希龙研究员作为负责人主要负责标准编写工作的组织协调,袁晓龙副教授作为执笔人完成标准初稿的撰写,闵凡贵、龚宝勇、潘金春、陈芳、刘艳薇、游毅、吕航等参加了标准的起草,对标准的内容提出了修改意见。起草团队根据实验动物标准化专业委员会反馈的意见,采纳专家的合理建议对标准进行修改,2020 年 9 月形成了征求意见稿。2021 年 4~9 月,中国实验动物学会公开征集意见,2021 年 9 月根据征求到的专家意见,形成征求意见修改稿。2021 年 10 月起草团队根据专家意见进一步修改后,形成标准送审稿。2021 年 10 月经全国实验动物标准化技术委员会审查通过,起草团队根据委员会意见修改形成报批稿,2022 年 1 月经中国实验动物学会常务理事会批准发布。

第三节 编 写 背 景

实验用小型猪、实验猴、实验犬等大型实验动物是实验动物资源的重要组成部分。近年来，随着人们对大型实验动物的解剖、生理、病理过程与人类比较医学研究的不断深入，以及生物医药产业的快速发展，大型实验动物在生物医学领域的应用越来越广泛，发挥的作用也越来越大。个体标识是实验动物资源保存、生产繁育和实验过程中信息采集及管理的前提与基础性工作。目前，我国大型实验动物的规模化、标准化和产业化，与发达国家相比总体上尚有较大差距，尚无全国统一的标识技术规范。标识技术规范的缺失，严重影响了其标准化和科学化，不利于资源的保存、评价、生产繁育、实验利用等。

广东省实验动物监测所从 2007 年开始先后引进我国特有的小型猪资源，包括五指山小型猪、蕨麻小型猪、巴马小型猪及融水小型猪，开展了一系列实验动物标准化研究，编制了包括小型猪标识技术规范在内的一整套生产管理规范，并在小型猪种质资源基地应用，取得良好效果。参编单位是我国实验用小型猪、实验猴、实验犬的重要生产繁殖单位，在生产繁育、实验动物标准化、推广应用等方面取得进展和成绩，具有丰富的生产繁育与管理经验，积累了大量的资料，为本标准的编写奠定了坚实的基础。

因此，利用各参编单位前期在大型实验动物个体标识工作方面的经验和基础，编写《实验动物 大型实验动物标识技术规范》，解决目前我国大型实验动物标识技术规范缺失问题，有利于促进我国实验动物资源的保护、实验动物标准化、生产繁育与实验等工作，有利于促进大型实验动物繁育、生产和管理的规范化、科学化。

第四节 编 制 原 则

本标准的编写主要遵循以下原则：一是编写格式应符合 GB/T 1.1—2020 和《中国实验动物学会团体标准编写规范》；二是科学性原则，在调查研究的基础上，广泛收集材料，充分吸纳动物标识方面的新技术、新方法；三是可操作性和实用性原则，所有方法便于使用与操作；四是适用性原则，所制定的规范应适用于我国主要的大型实验动物，尤其是实验用小型猪、实验猴与实验犬的保种、繁殖、生产、经营、利用、科研、委托饲养和管理等过程中的活体标记；五是协调性原则，所制定的规范应符合我国现行有关法律法规和相关的标准要求，并有利于大型实验动物的生产繁育与实验的规范化和科学化。

第五节 内 容 解 读

本标准由大型实验动物个体标识的范围、规范性引用文件、术语和定义、猪标识、猴标识、犬标识、建立档案、注意事项及附录等技术要求构成，标准内容从草案到征求意见稿经起草团队多次讨论修改，并达成一致意见。现将《实验动物 大型实验动物标识技术规范》主要内容的编制说明如下。

一、猪的定义

根据专家的意见,参照 GB/T 39759—2021《实验动物　术语》标准中的定义,将猪定义为:来源于野生和家养猪,经过人工饲养和培育而成的一类哺乳类实验动物。通常为小型猪。动物分类学上属于哺乳纲偶蹄目野猪科猪属。

二、猴的定义

根据专家的意见,参照 GB/T 39759—2021《实验动物　术语》标准中的定义,将猴定义为:来源于野生猴,经过人工饲养和培育而成的一类非人灵长类实验动物。常用的有恒河猴、食蟹猴等。动物分类学上属于哺乳纲灵长目。

三、犬的定义

根据专家的意见,参照 GB/T 39759—2021《实验动物　术语》标准中的定义,将犬定义为:来源于家养犬,经过人工饲养和培育而成的一类哺乳类实验动物。动物分类学上属于哺乳纲食肉目犬科犬属。

四、实验动物个体编码原则

(一)猪个体编码原则

1. 生产繁育编码

根据广东省实验动物监测所在实验用小型猪种质资源基地的编码经验,参照农业部《种猪登记技术规范》(NY/T 820—2004),提出猪个体编码由 10 位字母和数字组成,进行个体区分:

—— 前两位英文大写字母表示品种或品系;

—— 第三到四位用公元年份最后两位数字表示个体出生时的年份;

—— 第五到八位用数字表示场内窝序号;

—— 第九到十位用数字表示窝内个体序号,雄性的尾数为奇数,雌性的尾数为偶数。

2. 实验编码

由于用于常规实验的猪一般所需数量较少,因此实验编码采用相对简单的编码系统,实验时可根据实验的类别、实验室号、实验名称、实验分组等编码标识,进行个体区分。

(二)猴个体编码原则

由于所有实验猴必须具有一个终身识别的编码标识,且猕猴通常一年一胎一仔,极少双胎,在编码系统中可通过其出生年月、出生顺序实现唯一编码。同时,为避免表示来源的英文字母与表示种类的英文字母放在一起造成识别误差及混乱,而将表示种类的英文字母放在了最后。因此,根据实验猴的实际,本标准提出实验猴个体编码由 10 位字母和数字组成,进行个体区分:

—— 前两位英文大写字母表示来源,如养殖场或供应商代码;

—— 第三至六位用公元数字表示出生年月，如××年××月；

—— 第七至九位表示场内当月猴出生的顺序号，雄性的尾数为奇数，雌性的尾数为偶数；

—— 第十位英文大写字母表示猴的种类。

实验编码：为便于根据实验需求进行查阅，标准中提出用于实验的猴可根据实验的类别、实验室号、实验名称、实验分组等编码标识，进行个体区分，但必须保留能够追溯到个体标识编码对应的记录资料。

（三）犬个体编码原则

目前，一些实验犬养殖场个体编码由 8 位字母和数字组成，对于具备相当规模的养殖场来说，年生产量普遍高于 5000 头，种母犬存栏量或大于 500 头。如个体编码由 8 位字母和数字组成，犬类个体编号为 000～999，最多有 1000 个编码，再按奇偶数区分雄雌，雌雄个体数量分别只能编码 500 个，不能满足大中型养殖场生产繁育的需要。为了提高编码系统的适用性和效率，参照实验猴个体标识编码规则，根据实验犬的实际，提出实验犬个体编码也由 10 位字母和数字组成，进行个体区分。

实验编码：由于实验猴与实验犬类似，均为大型实验动物，因此，实验编码参照实验猴的实验编码，进行个体区分。

五、大型实验动物个体标识方法

大型实验动物个体标识技术经历了从传统到现代的发展过程。目前比较常用的方法有耳缺标识法、耳标标识法、挂牌标识法、文身标识法等。由于简单易用、成本低，耳缺标识法、挂牌标识法在相当长的时间内成为主流标识技术，目前仍被使用。耳标标识法虽然存在保持期短、识别率低等缺点，但由于具有成本低且技术要求不高等优势，逐渐成为大型实验动物尤其是小型猪使用最广泛的标识技术之一。文身标识法虽然操作相对烦琐，但因标识保持时间久、不易消失，而在实验猴和实验犬的生产繁育中仍在使用。电子标识是利用射频识别（RFID）技术，具有信息存储与处理能力的新型识别技术，由植入动物体或耳标内的电子射频芯片和数据收集设备组成，成为发达国家动物识别的主流技术。牵头单位自 2016 年开始在小型猪种质资源基地应用电子芯片植入技术，取得满意效果，为在全国推广积累了经验。由于动物种类、生活习性、饲养管理等方面存在差异，本标准根据大型实验动物实际，总结相关经验，分别对猪、猴和犬提出了各自的个体标识方法。猪为耳缺标识法、耳标标识法、电子标识（电子芯片）法，猴为挂牌标识法、文身标识法、电子标识（电子芯片）法，犬为挂牌标识法、文身标识法、电子标识（电子芯片）法等。

六、建立档案

为保证大型实验动物标识及其结果具有可追溯性，需要对个体的基本信息、繁殖、生长发育等各项测定结果进行记录、归档。尤其是具备条件而使用电子标识的单位，应将实验动物个体的信息包括动物的品种（品系）、来源、个体编号、生产性能、免疫状况、健康状况等数据录入计算机，以便保存资料。

七、注意事项

各参加编写单位在大型实验动物标识技术应用过程中积累了许多经验,根据这些经验,总结出了标识操作过程中应该特别注意的事项, 主要包括及时记录个体信息数据、按规范程序操作和做好消毒工作等。

第六节　分　析　报　告

本标准为大型实验动物标识技术规范,可用于指导实验用小型猪、实验猴、实验犬的保种繁育、生产管理与实验等工作,由于不涉及试验或验证过程,根据本标准编制工作要求,无需提供相关验证报告。本标准推广应用后,有助于提高大型实验动物标识的标准化水平,对促进大型实验动物产业发展、生产方式转变,以及实现高质量发展具有重要意义。

第七节　国内外同类标准分析

目前无相应的国际和国内标准。

第八节　与法律法规、标准的关系

本标准的编制依据为现行的法律法规和国家标准,与这些文件中的规定相一致。目前我国尚无大型实验动物标识的国家标准,实验动物的国标中也没有大型实验动物标识技术规范。

第九节　重大分歧意见的处理和依据

本标准起草过程中各单位都对草案和征求意见稿提出了建设性意见,但未出现重大分歧意见。

第十节　作为推荐性标准的建议

本标准批准后建议作为推荐性标准使用。

第十一节　标准实施要求和措施

本标准发布后,将在标准参编单位应用。同时, 参编单位将采取多种形式,利用多媒体和举办培训等多种途径,组织力量宣传贯彻,逐渐向相关单位推广。

第十二节　本标准常见知识问答

无。

第十三节　其他说明事项

无。

第六章　T/CALAS 104—2021《实验动物　实验猴神经行为评价规范》实施指南

第一节　工作简况

2020 年 5 月，广东省实验动物监测所正式提交了《实验动物　实验猴神经行为评价规范》的标准制订计划提案，经中国实验动物学会实验动物标准化专业委员会讨论，获得中国实验动物学会实验动物标准化专业委员会各成员同意，批准《实验动物　实验猴神经行为评价规范》作为中国实验动物学会团体标准。

本标准由中国实验动物学会实验动物标准化专业委员会提出并组织起草，全国实验动物标准化技术委员会（SAC/TC281）技术审查并由中国实验动物学会归口，按照 GB/T 1.1—2020《标准化工作导则　第 1 部分：标准化文件的结构和起草规则》和《中国实验动物学会团体标准编写规范》的要求编写。本标准的起草单位为广东省实验动物监测所，协作单位为中山大学、中国科学院深圳先进技术研究院、广西医科大学。

第二节　工作过程

一、主要工作过程

2017 年，中山大学曾进胜教授主持了国家重点研发计划"重大慢性非传染性疾病防控研究"专项"急性局灶性脑缺血后全脑保护评估体系及转化研究"（项目编号 2017YFC1307500），作为参与单位，在项目执行过程中，广东省实验动物监测所、中国科学院深圳先进技术研究院和广西医科大学与中山大学结合各自前期在实验猴行为学评价中的基础，共同制定实验猴神经行为评价方案，并围绕实验猴脑梗模型开展行为评价研究。

2020 年 1 月，广东省实验动物监测所在参加该项目 2019 年度考核工作会议时，正式提出共同提请制定中国实验动物学会团体标准《实验动物　实验猴神经行为评价规范》的意向，并获得项目组成员单位的认可，随即启动中国实验动物学会第六批团体标准提案制定工作。

2020 年 5 月，广东省实验动物监测所联合中山大学、中国科学院深圳先进技术研究院和广西医科大学正式向中国实验动物学会提交了关于制定《实验动物　实验猴神经行为评价规范》团体标准的制订计划项目提案。经中国实验动物学会实验动物标准化专业委员会讨论并获中国实验动物学会实验动物标准化专业委员会各成员同意，于 2020 年 7 月正式通过《实验动物　实验猴神经行为评价规范》作为中国实验动物学会团体标准立项。

获得中国实验动物学会团体标准立项后，广东省实验动物监测所根据编写任务的要求，开展标准起草的筹备工作，成立了由 6 名具有高级职称专家和 4 名专业技术骨干构成的标准起草工作组，成员为张钰研究员（广东省实验动物监测所）、曾进胜研究员（中山大学）、周晖晖研究员（中国科学院深圳先进技术研究院）、秦超研究员（广西医科大学）、李舸副研究员（广东省实验动物监测所）、李永超博士（广东省实验动物监测所）、晏婷博士（中国科学院深圳先进技术研究院）、刘竞丽博士（广西医科大学）、蒋自牧（中山大学）、黄忠强（广东省实验动物监测所）。

标准起草工作组成立后，开始制定标准编制的工作计划，确立了标准编写大纲并明确了编写任务的分工及任务阶段性完成的时间。同时，标准起草工作组还积极组织工作组成员认真学习 GB/T 1.1—2020 标准编写规则，并且统一认识、进行前期调研工作交流、明确工作目标、计划工作进度、明确成员分工，结合标准编写过程中的各个环节进行了深入的探讨和细心的研究。

标准起草工作组各成员单位根据在共同承担的国家重点研发计划项目中开展的实验猴行为学评价研究，并进一步经过文献查阅、技术调研、咨询、验证、收集和总结相关资料，最终确定以神经功能评分技术、延迟记忆评价技术、迁回取物评价技术、山和谷阶梯评价技术等行为学测试作为主要评价手段，通过神经功能、延时记忆、前额叶认知功能、运动感知行为等指标综合评价实验猴神经行为，经过了标准起草工作组三次讨论会的反复探讨和商议，最终于 2020 年 10 月，通过组织三家机构对本标准的方法进行验证，并进一步完善形成了《实验动物　实验猴神经行为评价规范》的标准和编制说明征求意见稿。

2021 年 4～5 月，中国实验动物学会公开征集意见，2021 年 9 月中国实验动物学会组织专家召开征求意见稿讨论会。2021 年 9 月，标准起草工作组根据专家意见，进一步完善形成标准送审稿。

二、标准主要起草人及其所做的工作

张钰，标准起草工作组组长，主要负责统筹主持标准起草工作，协调标准起草工作的各项工作分配及监督工作进度情况，以及标准资料的校正及审阅。

曾进胜，标准起草工作组副组长，主要负责标准起草工作指导、方案制定，以及标准资料的校正及审阅。

周晖晖，标准起草工作组副组长，主要负责标准起草工作指导、方案制定和资料收集、整理和验证，以及标准资料的校正及审阅。

秦超，标准起草工作组副组长，主要负责标准起草工作指导、方案制定和资料收集、整理和验证，以及标准资料的校正及审阅。

李舸，标准起草工作组主要参与人员，负责会议记录和会议纪要整理，协助编写编制说明，编写行为学方案和整理数据，以及标准资料的校正及审阅。

晏婷，标准起草工作组主要参与人员，负责迁回取物行为学方案制定编写及数据整理，以及标准资料的校正及审阅。

李永超，标准起草工作组主要参与人员，负责延迟记忆行为学方案制定编写及数据整理，以及标准资料的校正及审阅。

刘竞丽，标准起草工作组主要参与人员，负责数据整理、标准资料的校正及审阅。

蒋自牧，标准起草工作组主要参与人员，负责神经功能评分方案制定编写及数据整理，以及标准资料的校正及审阅。

黄忠强，标准起草工作组主要参与人员，负责山和谷阶梯评价行为学方案制定编写及数据整理，以及标准资料的校正及审阅。

第三节 编 写 背 景

《国家中长期科学和技术发展规划纲要（2006—2020）》确立了"一体两翼"的脑计划布局，明确提出阐明脑认知功能的神经基础（一体）是开展类脑研究和脑重大疾病诊治（两翼）的基础。而神经行为是脑认知功能的主要外在表现，直观地反映了脑功能环路在生理和病理状态下的功能改变，因此，评价神经行为对于解析重大认知功能的神经环路机制具有重要意义。

我国拥有丰富的非人灵长类实验动物资源，同时因其脑结构与人相似，与啮齿类等实验动物相比，实验猴能够部分模拟人类的高级神经行为表现，因此，基于实验猴开展神经环路机制研究已经被正式列入我国的"脑计划"中。

神经行为评价是利用实验猴研究脑功能环路的重要策略之一，标准起草工作组成员前期在承担国家重点研发计划项目时，通过查阅外文献发现，国外科研机构在实验猴运动、感觉、认知功能等领域建立了各式各样的评估量表和评价方法，但各机构的实验猴行为学评价方法缺乏统一标准，特别是在规范如何对动物进行合理的训练、如何设定恰当的评判标准等方面，评价方案的制定存在随意性较大的弊端，最终导致在同样的评价目的下因方法各异而产生不同的结果，因此，建立统一、简便可行的实验猴神经行为评价标准，对加速我国脑计划的开展具有重要的实际意义。

目前，我国在该方面的研究起步较晚，主要沿用国外文献报道的评价方法。我们在国家重点研发计划"急性局灶性脑缺血后全脑保护评估体系及转化研究"项目资助下，建立4 个实验猴行为评价中心（中山大学、中国科学院深圳先进技术研究院、广西医科大学、广东省实验动物监测所），利用猴脑梗模型，对神经功能基础、延迟记忆、前额叶认知功能和运动感知行为等方面进行评价，建立了多中心实验猴神经行为评价标准，并在多个团队进行测试，证明该方案可行，完全满足评价要求，具有推广应用价值。

第四节 编 制 原 则

本标准的制定主要遵循以下原则：一是编写格式应符合 GB/T 1.1—2020 和中国实验动物学会团体标准编写规范；二是科学性原则，在尊重科学、亲身实践、调查研究的基础上，制定本标准；三是可操作性和实用性原则，所有检测指标和方法便于使用单位操作；四是适用性原则，所制定的技术规程应适用于实验猴；五是协调性原则，所制定的技术规程应符合我国现行有关法律、法规和相关的标准要求，并有利于实验猴神经行为评价的规范化和科学化。

第五节 内 容 解 读

本标准是在收集、整理国内外相关机构在开展实验猴神经行为评价控制标准、相关文献，以及标准起草工作组成员单位多年来开展实验猴行为学评价的实践经验基础上制定的。现将《实验动物 实验猴神经行为评价规范》中主要技术内容说明如下。

一、标准内容框架

本标准包括：前言、范围、规范性引用文件、术语和定义、主要设施和设备、饲养要求、评价方法、结果判定、附录等共9部分。

二、适用范围

本标准规定实验猴的神经行为方法和指标要求。

本标准适用于生理和病理条件下基于实验猴开展的神经系统功能和临床前评价研究。

三、规范性引用文件

本标准引用的文件为现行有效的国家标准及行业标准，包括：GB 5749《生活饮用水卫生标准》、GB 14922.1《实验动物 寄生虫学等级及监测》、GB 14922.2《实验动物 微生物学等级及监测》、GB/T 14924.2《实验动物 配合饲料卫生标准》、GB 14924.3《实验动物 配合饲料营养成分》、GB 14925《实验动物 环境及设施》、GB 50447《实验动物设施建筑技术规范》。

四、术语和定义

为方便本标准的使用和理解，本标准规定了以下 7 项术语和定义：①神经行为评价 neurobehavioral assessment；②延迟记忆 delayed memory；③威斯康星通用测试装置 Wisconsin general testing apparatus；④前额叶认知功能 prefrontal cognitive function；⑤迂回取物装置 object retrieval detour apparatus；⑥运动感知 motion perception；⑦山和谷阶梯任务装置 hill and valley staircase task apparatus。

五、主要设施和设备

基于在实验猴饲养管理过程中的结果和实践检验，需要以下设施和仪器设备。①设施要求：相关评价需要在独立的行为学实验室进行，避免环境对评价过程造成影响。②仪器设备要求：延迟记忆评价装置、迂回取物评价装置、山阶梯评价装置、谷阶梯评价装置。

六、饲养要求

为了保障实验动物的质量，符合疾病机制研究、药物作用机制研究、药物靶点筛选、器械早期研发、药物器械效用评价、药物器械安全性评价、模式动物研究等的需求，实验动物的饲料营养应符合相关的实验动物饲料营养和卫生的标准化要求，如饲料中不含肾毒性、致畸物质，饮用水干净卫生，具体要求如下：①实验猴的饲养环境应符合 GB 14925《实验动物　环境及设施》和 GB 50447《实验动物设施建筑技术规范》的要求。②实验猴的饲料卫生应符合 GB/T 14924.2《实验动物　配合饲料卫生标准》的要求，配合饲料营养成分应符合 GB 14924.3《实验动物　配合饲料营养成分》的要求。饮水应符合 GB 5749《生活饮用水卫生标准》的要求。③实验猴寄生虫学和微生物学的检测结果应符合 GB 14922.1《实验动物　寄生虫学等级及监测》和 GB 14922.2《实验动物　微生物学等级及监测》的要求。

七、评价方法

基于前期在实验猴行为学评价中的研究结果和实践经验，标准起草工作组确定如下项目指标：①神经功能基础评价（神经功能评分）；②延迟记忆评价（威斯康星延迟记忆试验）；③前额叶认知功能评价（迂回取物试验）；④运动感知行为评价（山和谷阶梯试验），作为本标准的主要试验内容，并以此全面评价实验猴神经行为，保障动物实验结果科学可靠。

1. 神经功能基础评价

神经功能基础评价依据附录 A 的神经功能评分表进行，该评价由意识水平（总分 28 分）、感觉系统（总分 22 分）、运动系统（总分 32 分）、骨骼肌协调性（总分 18 分）等 4 部分组成，能够初步反映正常或模型动物的神经基础功能。评价时，要求将动物置于安静环境中，由至少两名熟悉动物的观察人员分别依据评分表对上述 4 部分内容开展评价，结束后统计参与人员评价分数的平均值进行判定。

2. 延迟记忆评价

延迟记忆是考察动物短时记忆功能的基本方法，其原理是基于大脑的奖赏效应，利用食物等刺激信号引起动物大脑产生反应后，将刺激信号隐藏，动物大脑虽然对食物信号产生反应但无法立即获得食物，短期内当食物刺激再次出现时，通过观察动物对刺激信号的反应，测试动物工作记忆的方法。本标准的延迟记忆评价采用威斯康星通用测试装置进行。

延迟记忆评价由训练和评价两个阶段构成，训练阶段，通过将食盒盖板小部分覆盖食盒、覆盖一半食盒、完全覆盖食盒的循序渐进方式训练动物学会移走盖板获取食物。当动物可以顺利从食盒中获取食物后，开始进行延迟训练，每只动物每天完成 1 个训练周期，每个训练周期由 5 个不同的延迟时间（$A \sim E$）组成，包括：$A=N \times 0=0$ s、$B=N \times 1=1N$ s、$C=N \times 2=2N$ s、$D=N \times 3=3N$ s、$E=N \times 4=4N$ s，N 为设定的基础值，以基础值设定为 1 为例，表示隔板在动物与食盒之间的延迟时间为 0 s、1 s、2 s、3 s、4 s，每个延迟时间在 1 个训练周期中重复 5 次，整个训练周期完成后统计该动物在该周期 25 次训练中选择正确食盒的平均正确率。以固定的 N 值至少进行 30 个训练周期，如果动物平均正确率达到 80% 后，将基础值变为 $N+1$ 重复上述过程，直到 $N=4$，延迟时间最终为 0 s、4 s、8 s、12 s、16 s 的正确率达到 80%，表明该动物最终完成延迟记忆训练。

评价阶段，前 5 天以基础值 $N=4$ 对动物开展回忆性训练，熟悉测试装置，该数据不纳入最终结果，然后采用增加 N 值或增加食盒进行 5 天评价，计算正确率。

3. 前额叶认知功能评价

前额叶认知功能是个体适应动态环境变化的高级脑功能，其主要功能用于进行逻辑思维、判断、计划和决策等，包括规划复杂的认知行为、个性表达、调节社会行为等复杂的认知功能。本标准的前额叶认知功能评价采用迂回取物装置进行。

利用迂回取物装置进行前额叶认知功能评价。实验必须在安静环境中由动物熟悉的实验人员进行。测试前动物禁食 12 h 以内。

训练阶段，透明食盒开口方向为朝左、朝右或面向动物，食物放置位置为食盒内靠近或远离开口侧，训练阶段实验人员依据附录 B 迂回取物测试顺序表的 16 个组合放置食物。如果动物能够顺利从附录 B 中每个组合成功获取食物且一次获取食物奖励平均成功率不低于 80%，则视为训练成功。

评价阶段，前 5 天对动物开展回忆性训练，熟悉测试装置，该数据不纳入最终结果，之后实验猴每天按照附录 B 中的 16 个组合顺序进行 2 轮测试，连续进行 5 天评价，计算一次获取食物的成功率和获取食物时间。

4. 运动感知行为评价

利用山和谷阶梯任务装置进行运动感知行为评价。实验必须在安静环境中由动物熟悉的实验人员进行。测试前动物禁食 12 h 以内。

山阶梯任务试验装置评价空间感知和运动的脑区均位于大脑同侧，动物仅能通过右手伸到右侧或左手伸到左侧的阶梯获取食物奖励，谷阶梯任务试验装置评价空间感知和运动的脑区分别位于大脑对侧，动物仅能通过右手伸到左侧或左手伸到右侧的阶梯获取食物奖励并计分。两个装置的阶梯均为 5 层，从低到高每层阶梯对应的分数为 1、2、3、4、5 分，实验时，单次测试总分为 15 分。

山和谷阶梯任务由训练和评价两个阶段构成，所有测试都是在安静环境中由动物熟悉的实验人员进行，测试前动物禁食 12 h 以内。训练阶段，实验人员在动物面前展示食物后，将食物奖励放置于山或谷装置一侧阶梯的每层上，让动物自由伸手取食，如果动物在 3 min 内均能够顺利地从阶梯的每层中取食，则视为训练成功。

评价阶段，前 5 天对动物进行回忆性训练，熟悉测试装置，随后连续进行 5 天评价，每天山或谷阶梯任务的左右侧分别进行 3 次测试，并将一侧 3 次得分相加后得到测试分数。

八、结果判定

1. 神经功能基础试验结果

由意识水平（0～28 分）、感觉系统（0～22 分）、运动系统（0～32 分）、骨骼肌协调性（0～18 分）组成，评分为 0 表示动物神经功能正常，总分和各单项分数越高代表动物越有可能出现神经功能异常。

2. 延迟记忆试验结果

训练阶段，当动物在固定 N 值中连续 30 个训练周期平均正确率不能达到 80% 以上时，该实验猴不宜进行记忆评价试验。

评价阶段，前 5 天以基础值 N=4 进行回忆性训练，该数据不纳入最终结果。评价试验采用 N=4 连续进行 5 天，计算选择食盒的平均正确率=每天选择食盒的平均正确率之和/5，正确率越低表明动物越有可能出现延迟记忆功能损伤。

3. 前额叶认知功能试验结果

训练阶段，实验猴连续 5 天不能正确完成每个组合食物的获取，则该实验猴不宜进行前额叶认知功能评价试验。

评价阶段，实验猴每天按照附录 B 迂回取物测试顺序表的 16 个组合进行 2 次测试（见附录 B 表 B.1 迂回取物测试顺序表），计算一次获取食物奖励的平均成功=测试阶段每天获取食物奖励的平均成功率之和/5，并统计获取食物时间，成功率越低，获取食物时间越长，表明动物可能出现前额叶认知功能损伤。

4. 运动感知行为评价试验结果

训练阶段，实验猴在连续 5 天的山和谷适应性训练中，每次能在 3 min 内顺利地从阶梯的每层中取食，则视为训练成功。如果不能顺利完成每个组合食物的获取，则该实验猴不宜进行运动感知行为评价试验。

评价阶段，实验猴连续进行 5 天训练，每天山或谷阶梯任务的左右侧分别进行 3 次测试，并将 3 次得分相加得到测试分数，总分为 45 分，最终根据 5 天的平均分数评价动物单侧上肢的运动功能。分数低表明动物可能出现运动感知功能损伤，同时，对比山阶梯和谷阶梯任务，可以初步判断运动和感知功能损伤出现在大脑同侧或对侧。

第六节　分析报告

本标准的技术规范主要基于团队前期在共同承担的国家重点研发计划项目中开展的实验猴行为学评价研究，并进一步经过文献查阅、技术调研、咨询、验证、收集和总结相关资料，对评价试验方案进行了进一步的优化，具有较强的适用性、可行性和可操作性。

由于实验猴脑结构和功能与人高度相似，具备常规动物无法比拟的高级认知和情感行为，因此是探索人类脑高级功能和开展脑疾病治疗研究最适合的模型动物。建立《实验动物　实验猴神经行为评价规范》团体标准，对实验猴神经功能评价进行了规范，为推广我国实验猴优势资源转化应用、推动我国脑计划的顺利实施、开展高质量的基础研究和药物研发具有重要意义。

标准起草工作组对《实验动物　实验猴神经行为评价规范》涉及的主要试验[包括：①神经功能基础评价（神经功能评分）；②延迟记忆评价（威斯康星延迟记忆试验）；③前额叶认知功能评价（迂回取物试验）；④运动感知行为评价（山和谷阶梯试验）]等进行了相关的技术论证，具体如下。

一、材料方法

1. 实验动物

普通级 5～6 岁雄性食蟹猴 7 只，购自从化市华珍动物养殖场[SCXK（粤）2015-0028]。食蟹猴饲养于广东省实验动物监测所普通级动物实验室（12 h/12 h 昼夜周期，湿度 40%～70%，温度 21℃±2℃）[SYXK（粤）2016-0122]，动物每天饲喂 2 次，其中 1 次饲喂水果。本研究所涉及的动物实验获得广东省实验动物监测所（AAALAC 认证机构）动物实验动物使用与管理委员会（IACUC）批准，并符合《中华人民共和国实验动物管理条例》。

2. 仪器设备

（1）威斯康星通用测试装置（Wisconsin general testing apparatus，WGTA）

猴延迟记忆评价装置为在参考 WGTA 行为学测试笼具基础上改装而成（图 1）。猴饲养笼前放置多个陷阱食盒，食盒深度 2 cm，在食盒与猴饲养笼之间有一可以自由升降的不透明隔板，食盒与实验员之间有一单向可视观察窗。实验开始时，实验员打开食物传递窗，根据每只食蟹猴对食物的喜好，在其面前将食物随机放在其中 1 个食盒内，盖上盒盖并迅速放下隔板，开始计时，在设定的延迟时间到达之后，升起隔板，让食蟹猴可以看见被盖上的食盒，食蟹猴可以选择 1 个食盒打开并从中获得食物，实验员记录该次测试中食蟹猴是否正确选择含有食物的食盒。

图 1　猴延迟记忆评价装置

①猴饲养笼；②食盒；③隔板；④观察窗；⑤食物传递窗

（2）迁回取物装置

实验猴单侧脑损伤行为评价所使用的山和谷阶梯任务装置由广东省实验动物监测所根据文献报道制作（图 2）。迁回取物装置由饲养笼、食物支架和透明食物盒子组成，实验

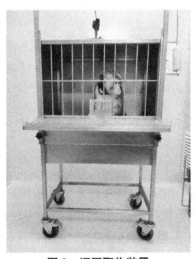

图 2　迁回取物装置

前，实验人员在动物面前展示食物后，将食物放置于饲养笼前的食物支架上，让动物自由伸手取食，随后将一侧开口的透明食盒放置在托盘上，放置食盒时开口方向随机，可面向动物或朝向动物一侧，随后将食物置于迂回训练装置的透明盒内，使动物适应在透明食盒不同开口朝向时取得食物。实验人员记录选择的正确性。

（3）山和谷阶梯任务装置

实验猴单侧脑损伤行为评价所使用的山和谷阶梯任务装置由广东省实验动物监测所根据文献报道设计开发。山阶梯任务装置由猴饲养笼、山阶梯和人员观察挡板组成（图3）。猴饲养笼正面树脂玻璃面板的左右两侧各开一个仅允许动物一只手通过的狭窄通道，在树脂玻璃面板外放置两个分别从左右两侧向面板中央位置逐渐上升的阶梯，两个阶梯最底层台阶与树脂面板上的狭窄通道齐平，最高层在面板中央汇合，阶梯共5层，并由一块树脂玻璃将两个阶梯完全隔开，实验时，实验猴仅能通过右手伸到右侧或左手伸到左侧的阶梯获取食物奖励。

图3　山阶梯任务装置

谷阶梯任务装置由猴饲养笼、谷阶梯和人员观察挡板组成（图4）。猴饲养笼正面树脂玻璃面板的中央开一个仅允许动物一只手通过的狭窄通道，在树脂玻璃面板外分别放置两个由面板中央位置向两侧逐渐上升的阶梯，两个阶梯最底层台阶在树脂面板中央汇合并与面板上的狭窄通道齐平，阶梯共5层，实验时，动物仅能通过右手伸到左侧或左手伸到右侧的阶梯获取食物奖励。

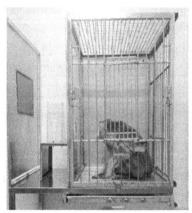

图4　谷阶梯任务装置

3. 方法

实验方法参照第五节"内容解读"中第七部分"评价方法"开展。

二、结果

1. 神经功能基础评价

神经功能基础评价根据附录 A 的评分量表进行，该量表由意识水平（0～28分）、感觉系统（0～22分）、运动系统（0～32分）、骨骼肌协调性（0～18分）4 部分组成，评分为 0 表示动物神经功能正常，总分和各单项分数越高代表动物越有可能出现神经功能异常。

对 7 只食蟹猴开展神经功能评分后，结果如图 5 所示，有 5 只食蟹猴评分为 0，其中 1 只食蟹猴评分为 4，1 只为 8，7 只动物平均评分为 1.71。进一步对上述 7 只动物开展左侧大脑中动脉闭塞造模后（左侧脑卒中），1 个月后再次进行神经功能评分，结果显示，7 只动物平均得分为 38.43，其中最低评分的动物为 27，最高为 81。结果表明，神经功能评分能够有效区分动物神经异常功能。

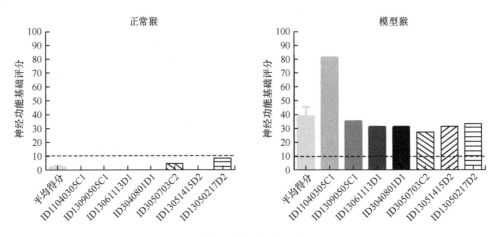

图 5　正常猴和模型猴神经功能评分

2. 延迟记忆评价

延迟记忆评价通过 WGTA 进行，整个过程由训练和评价阶段组成。训练期间，当一个训练周期进行 60 次训练（每次训练由 25 个测试组成），动物不能达到正确率 80%时，该实验猴不宜进行记忆评价试验。训练后的实验猴开展延迟记忆评价，前 5 天以基础值 $N=4$ 进行回忆性训练，该数据不纳入最终结果。评价试验采用 $N=4$ 连续进行 5 天，计算选择食盒的平均正确率=每天选择食盒的平均正确率之和/5。或者提高 N 值进行评价。

对 7 只食蟹猴进行延迟记忆训练，结果表明，实验猴在通过训练后，在 $N=4$ 时达到 80% 正确率，最少需要经过 688 个测试，最多需要经过 1440 个测试，平均达标所需测试数为 1082 个。

此后对动物开展评价研究，结果如图 6 所示，7 只动物在 $N=4$ 时，平均正确率为 81.89%，其中有 2 只动物正确率低于 80%，但与 80%较为接近（77.15%和 79.29%）。进一步对上述 7 只动物开展左侧大脑中动脉闭塞造模后（左侧脑卒中），1 个月后再次进行延迟记忆评价，结果显示，7 只动物在 $N=4$ 时，平均正确率为 56.85%，除 1 只动物正确率改变不显著外（79%），其余动物的正确率均下降至 50%~60%。结果表明，延迟记忆评价能够有效区分动物短期记忆功能的改变。

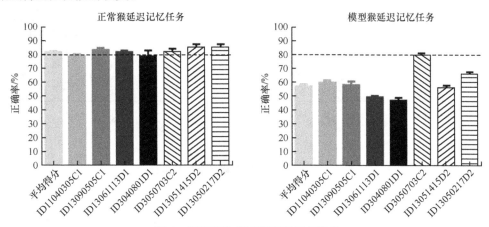

图 6　正常猴和模型猴延迟记忆评价

3. 前额叶认知功能评价

前额叶认知功能评价通过迁回取物装置进行，整个过程由训练和评价阶段组成。训练期间，实验猴连续 5 天（每天训练由 32 个测试组成）不能正确完成每个组合食物的获取，则该实验猴不宜进行前额叶认知功能评价试验。训练后的实验猴每天按照附录 B 进行 2 次测试，连续进行 5 天评价，计算获取食物奖励的平均成功率=测试阶段每天获取食物奖励的平均成功率之和/5，以及获取食物时间。

对 7 只食蟹猴进行延迟记忆评价后，结果如图 7 所示，7 只动物一次取食的平均成功率为 93.3%，所有动物均高于 80%，获取食物时间平均为 1.01 s，所有动物获取食物时间均低于 1.5 s。进一步对其中 4 只动物开展左侧大脑中动脉闭塞造模后（左侧脑卒中），1 个月后再次进行前额叶认知功能评价，结果显示，4 只动物平均正确率为 56.88%，所有动物的正确率均下降到 80% 以下，最低的动物降至 30% 左右，获取食物时间平均为 2.27 s，时间最长的动物为 3.51 s，所有动物获取食物时间均在 1.5 s 以上。结果表明，前额叶认知功能评价能够有效区分动物复杂认知功能的改变。

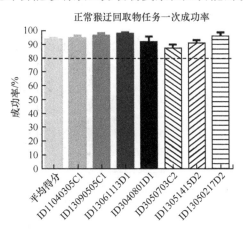

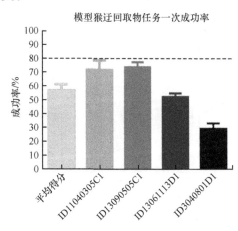

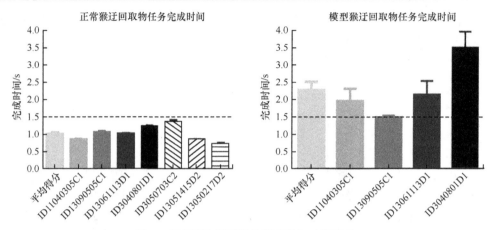

图 7　正常猴和模型猴前额叶认知功能评价

4. 运动感知行为评价

运动感知行为评价通过山和谷阶梯任务装置进行，阶梯共 5 层，从低到高每层阶梯对应的分数为 1、2、3、4、5 分，实验时，动物仅能通过右手伸到左侧或左手伸到右侧阶梯获取食物奖励并计分，如没有通过相应的手则不计，单次测试总分为 15 分。整个过程由训练和评价阶段组成。训练阶段，实验人员在动物面前展示食物后，将食物奖励放置于山或谷装置一侧阶梯的每层上，让动物自由伸手取食，如果动物在 3 min 内均能够顺利地从阶梯的每层中取食，则视为训练成功。评价阶段，连续进行 5 天，每天山或谷阶梯任务的左右侧分别进行 3 次测试，总分为 45 分。在山或谷阶梯任务测试时，将食物放在单侧阶梯上，让动物用对应手拿取食物，计时 3 min，计时结束后，查看每层食物拿取情况，记录一侧上肢相应分数，最终根据 5 天测定的平均分数评价动物单侧运动感知功能。

对 7 只食蟹猴运动感知行为进行评价，在山阶梯任务中（图 8），7 只动物左手的平均得分为 41.25，除 1 只动物得分较低外（27.9），其余动物得分均接近 45 分；7 只动物右手的平均得分为 44.73，所有动物得分均接近 45 分。在谷阶梯任务中（图 9），7 只动物左手的平均得分为 43.29，除 1 只动物得分较低外（35.8），其余动物得分均接近 45 分；7 只动物右手的平均得分为 44.98，所有动物得分均接近 45 分。联合山和谷阶梯任务判定，ID 为 13061113D1 的实验猴左侧运动功能损伤，感知能力正常，其余动物运动、感知能力均正常。

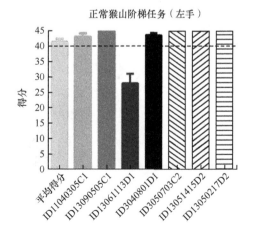

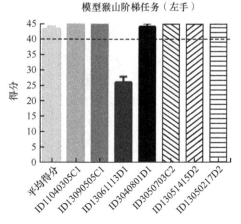

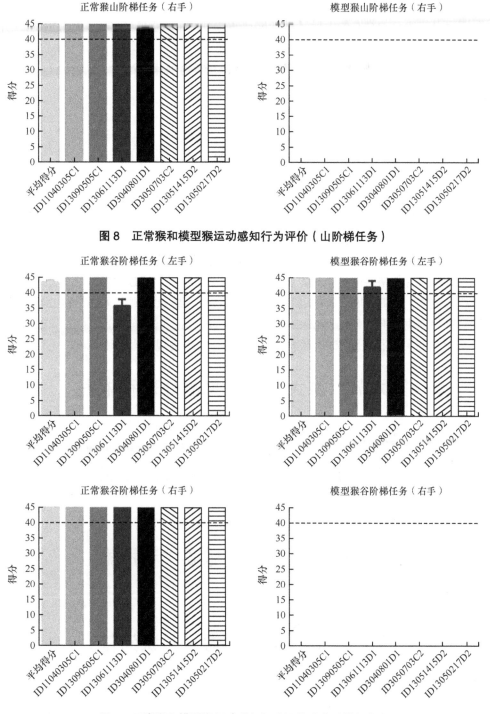

图 8　正常猴和模型猴运动感知行为评价（山阶梯任务）

图 9　正常猴和模型猴运动感知行为评价（谷阶梯任务）

　　进一步对 7 只动物开展左侧大脑中动脉闭塞造模后（左侧脑卒中），1 个月后再次进行运动感知行为评价，在山阶梯任务中（图 8），7 只动物左手的平均得分为 43.33，与造模前得分无差异；而 7 只动物右手得分均为 0。在谷阶梯任务中（图 9），7 只动物左手的平均得分为 44.75，与造模前得分无差异；而 7 只动物右手得分均为 0。联合山和谷阶梯任务判定，造模后引起所有动物右侧上肢运动功能严重损伤，而动物的感知行为可能未出现异常。

第七节　国内外同类标准分析

目前，国际上尚无类似标准。

第八节　与法律法规、标准的关系

本标准与相关法律法规、规章及相关标准协调一致，在编写过程中严格遵守标准书写格式，内容和划分统一，主要内容按照 GB/T 1.1—2020《标准化工作导则　第 1 部分：标准化文件的结构和起草规则》相关文件的规则编写。使用的计量单位、名称和符号等遵循《中华人民共和国计量法》和《关于在我国统一实行法定计量单位的命令》等相关要求。日常饲养环境和饲养条件严格遵循 GB 5749《生活饮用水卫生标准》、GB 14922.1《实验动物　寄生虫学等级及监测》、GB 14922.2《实验动物　微生物学等级及监测》、GB/T 14924.2《实验动物　配合饲料卫生标准》、GB 14924.3《实验动物　配合饲料营养成分》、GB 14925《实验动物　环境及设施》的相关要求进行编写，符合现行法律法规和强制性标准。

第九节　重大分歧意见的处理和依据

本标准为首次编写，暂无重大分歧意见的处理经过和依据。

第十节　作为推荐性标准的建议

本标准批准后作为推荐性标准使用。

第十一节　标准实施要求和措施

本标准发布后，将广泛组织宣传贯彻。

第十二节　本标准常见知识问答

无。

第十三节　其他说明事项

无。

参 考 文 献

黄忠强, 刘书华, 关雅伦, 等. 2019. 非人灵长类单侧脑损伤模型运动感知行为的评价研究. 中国实验动物学报, (5): 577-582.

李舸, 刘晓霖, 陈锐, 等. 2017. 非人灵长类评价学习记忆功能的影响因素探讨. 中国比较医学杂志, (9): 24-29.

Chen X, Dang G, Dang C, et al. 2015. An ischemic stroke model of nonhuman primates for remote lesion studies: a behavioral and neuroimaging investigation. Restor Neurol Neurosci, 33(2): 131-142.

D'Ambrosio A L, Sughruem E, Mocco J, et al. 2004. A modified transorbital baboon model of reperfused stroke. Methods Enzymol, 386: 60-73.

Demain B, Davoust C, Plas B, et al. 2015. Corticospinal tract tracing in the marmoset with a clinical whole-body 3T scanner using manganese-enhanced MRI. PLoS One, 10(9): e0138308.

Kito G, Nishimura A, Susumu T, et al. 2001. Experimental thromboembolic stroke in cynomolgus monkey. J Neurosci Methods, 105(1): 45-53.

Marshall J W, Duffin K J, Green A R, et al. 2001. NXY-059, a free radical-trapping agent, substantially lessens the functional disability resulting from cerebral ischemia in a primate species. Stroke, 32(1): 190-198.

Ou L Y, Tang X C, Cai J X. 2001. Effect of huperzine A on working memory in reserpine- or yohimbine-treated monkeys. Eur J Pharmacol, 433(2-3): 151-156.

Roitberg B, Khan N, Tuccar E, et al. 2003. Chronic ischemic stroke model in cynomolgus monkeys: behavioral, neuroimaging and anatomical study. Neurol Res, 25(1): 68-78.

Rutten K, Basile J L, Prickaerts J, et al. 2008. Selective PDE inhibitors rolipram and sildenafil improve object retrieval performance in adult cynomolgus macaques. Psychopharmacology (Berl), 196(4): 643-648.

Sutcliffe J S, Beaumont V, Watson J M, et al. 2014. Efficacy of selective PDE4D negative allosteric modulators in the object retrieval task in female cynomolgus monkeys (*Macaca fascicularis*). PLoS One, 9(7): e102449.

Tsujimoto S, Sawaguchi T. 2002. Working memory of action: a comparative study of ability to selecting response based on previous action in New World monkeys (*Saimiri sciureus* and *Callithrix jacchus*). Behav Processes, 58(3): 149-155.

第七章　T/CALAS 105—2021《实验动物　猕猴属动物行为管理规范》实施指南

第一节　工 作 简 况

非人灵长类行为管理是提高灵长类动物福利、保障科学研究质量的重要手段。目前我国尚无非人灵长类行为管理规范标准，非人灵长类的行为管理因而经常被忽视。2018 年，中国医学科学院医学实验动物研究所立足于提高非人灵长类动物福利，开始着手总结、整理国内外猕猴属动物行为管理工作的文献及著作，并撰写《实验动物　猕猴属动物行为管理规范》（以下简称规范）的提案。2020 年 6 月，中国医学科学院医学实验动物研究所联合中国科学院昆明动物研究所、莫泰科生物技术咨询（北京）有限公司、广西防城港常春生物技术开发有限公司、昆明理工大学灵长类转化医学研究院等单位成立编制工作组，进一步完善规范提案。2020 年 7 月，规范获得立项。

第二节　工 作 过 程

2018 年 3 月，起草单位开始着手总结、整理国内外猕猴属动物行为管理工作的文献及著作。

2019 年 12 月，形成了规范提案初稿。

2020 年 5～7 月，组建编制工作组，召开意见征集视频会议，征集与会专家意见，从框架、逻辑关系等方面进一步修改、完善了规范提案，并获得立项批准。

2020 年 8 月，编制工作组确定了规范编制的目的、意义及指导思想，制定了标准编制大纲和编制任务。

2020 年 9～10 月，编制工作组经过多次讨论会，不断完善规范征求意见稿的编制工作，形成了《标准征求意见稿》和编制说明。征求意见稿的编写以国内尤其是编制工作组多年积累的非人灵长类行为管理经验为主，借鉴了国际非人灵长类行为管理的经验。

2021 年 9 月，根据标准审查会议上专家提出的意见和建议，编制工作组对标准送审稿进行修改和完善，形成了审批稿和编制说明。

2021 年 10 月，经全国实验动物标准化技术委员会审查通过，根据委员会意见修改形成报批稿。2022 年 1 月，经中国实验动物学会常务理事会批准发布。

第二节 编 写 背 景

在进化上，非人灵长类与人类具有高度的同源性，如猕猴基因序列有93%与人类相同。非人灵长类在解剖结构、神经系统、生理生化和代谢等生物学特性方面与人相似。例如，非人灵长类动物的大脑结构与人类相似，具备复杂的认知能力和喜怒哀乐等情感表达，可以被训练完成特定类型的复杂认知任务，以及进行更接近人类情绪反应的评价。在运动方面，非人灵长类动物与人类运动行为最为接近，具有高度灵活精巧的手指抓握功能。非人灵长类的免疫学特征也与人类高度相似。在药物安全性评价方面，有些药物，如基因工程药物和生物制剂，要求必须使用非人灵长类动物进行评价。因此，非人灵长类动物可以精确模拟人类神经系统疾病如与年龄相关的神经退行性疾病、抑郁症以及免疫介导的疾病、传染病等的发生机制和临床特征，是不可替代的理想动物模型，在疫苗研发、器官移植及药物安全性评价中也发挥不可或缺的支撑作用。

国际上，如北美洲、欧洲和日本，对非人灵长类的研究非常重视。我国是野生灵长类动物分布较为丰富的国家，有4科7属23种共39亚种，约占世界灵长类物种的10%。近40年来，我国以非人灵长类实验动物作为模型的实验研究越来越多。同时，在国家、地方政府以及行业协会的大力支持下，我国非人灵长类实验动物产业也取得长足发展。非人灵长类实验动物的养殖规模已居世界前列，成为非人灵长类实验动物主要供应国。另外，全球越来越多的非人灵长类研究和测试正在转移到亚洲进行，特别是中国。

非人灵长类动物有发达的大脑以及复杂的生理、心理及行为需求，与人类一样，可以感知精神和肉体的痛苦。但是科学研究中非人灵长类动物圈养空间环境单调，活动空间有限，社会化严重不足，经常有人类干预，不但阻碍了非人灵长类动物物种特异性表达，而且造成非人灵长类动物经常表现出刻板行为、自伤行为及与应激相关的其他异常行为。同时研究过程中不可避免的麻醉、手术、生物样品采集、受伤后医疗等应激因素也对非人灵长类的福利伦理产生极大挑战。如何最大程度地提升非人灵长类动物的福利，保障其享有的各项自由是非人灵长类科学研究中首要的工作重点。同时，维护和优化非人灵长类的福利伦理，也是保障科学研究质量的重要前提。

非人灵长类在心理、行为、生理及社会学等方面高度进化，因此其饲养和临床护理也更为复杂。事实上，非人灵长类动物模型的临床护理和人类一样复杂。行为是动物内在生理和心理的外在表现，可以作为一种检测动物状态的可读指标。科学深入地解读非人灵长类动物物种特异性行为是解决非人灵长类异常行为、攻击性管理及饲养繁育等问题的重要前提。行为学管理因此成为提高非人灵长类动物福利的重要手段。非人灵长类行为学管理的目标始终秉承不断提升和改善动物的健康护理工作，促进非人灵长类动物的正常行为表达，减少异常行为发生概率，进而优化动物的福利。近20年来，非人灵长类动物的行为学管理进步很大。人们在饲养繁育和科学研究的实践过程中，积累了丰富的非人灵长类行为学管理经验，包括为非人灵长类提供物种适宜的居住条件、环境丰富化和社会化措施等。一些团队进行了非人灵长类的基础行为研究和应用行为研究，这些研究结果进一步促进了非人灵长类动物的健康护理工作。事实上，美国国家研究理事会发布的《实验动物管理和使用指南》，以及欧盟发布的 EU Directive 2010/63/EU（《欧盟指令2010/63/EU》），都充分考虑了非人灵长类动物物种特异的行为需求。

目前我国已发布的非人灵长类动物标准，主要包括非人灵长类饲养繁育规范和质量管理规范，尚无非人灵长类行为管理方面的规范标准。

第四节　编　制　原　则

a）为猕猴属动物行为管理提供普遍性、原则性和方向性指导。

b）提供猕猴属行为管理的建议和信息。

第五节　内　容　解　读

本标准由前言、引言、范围、规范性引用文件、术语和定义、猕猴属动物行为管理规范内容及附录共7部分构成。现将《实验动物　非人灵长类行为管理规范》主要内容说明如下。

一、范围

本文件规定了猕猴属动物行为管理的要求。

本文件适用于实验用猕猴属动物，以恒河猴和食蟹猴为主。

二、规范性引用文件

下列文件对于本标准的应用是必不可少的，凡是注明日期的引用文件，仅所注日期的版本适用于本文件。凡是不注日期的引用文件，其最新版本（包括所有的修改单）适用于本文件。

GB 14925—2010　　　《实验动物　环境及设施》

GB/T 35892—2018　　《实验动物　福利伦理审查指南》

T/CALAS 1—2016　　 《实验动物　从业人员要求》

T/CALAS 73—2019　　《实验动物　福利伦理委员会工作指南》

三、术语和定义

本标准规定了以下13项术语和定义：①行为管理 behavior management；②社群饲养 social housing；③配对饲养 pair housing；④保护性接触饲养 protected contact housing；⑤单笼饲养 single housing；⑥间断性配对 intermittent pairing；⑦环境丰富化 environment enrichment；⑧行为训练 behavioral training；⑨正向强化训练 positive reinforcement training；⑩负向强化训练 negative reinforcement training；⑪刻板行为 stereotypic behavior；⑫自残行为 self-injurious behavior；⑬抑郁行为 depressive behavior。

四、饲养

4.1 基本原则

4.1.1 明确饲养行为管理目标
建立既满足动物福利要求，又符合科学研究目的的行为管理目标。

4.1.2 保障动物福利
饲养福利伦理应符合 GB/T 35892。

4.1.3 提前制定计划
预先制定饲养计划及临床干预方案。

4.1.4 提供所需资源
提供饲养所需资源，包括人员、设施、设备等。

4.1.5 进行持续评估
持续评估饲养过程和动物状况。

4.2 社群饲养行为管理要点

4.2.1 人员管理
a）实验动物医师、行为管理人员、饲养人员和研究人员应符合 T/CALAS 1 中有关要求。
b）实验动物医师在社群饲养前及社群饲养过程中，应与相关人员协商制定适宜的临床干预方案。

4.2.2 设施、设备管理
a）社群饲养环境及设施应符合 GB 14925—2010 中有关要求。
b）饲养设施要充分考虑动物与人的互动条件。
c）社群饲养空间有限时，应尽可能设置躲避场所，满足动物逃避动物和人类的自身保护需要。

4.2.3 动物管理
a）应识别并记录攻击性强、社会等级地位高的雄性动物，如攻击行为的频次、原因等，必要时移除群体。
b）谨慎移除受伤的动物，并避免由此引起社会等级地位变动。
c）动物在应激阶段，如检疫隔离期，应加强人工喂养。
d）由于行为测试等，社群饲养的动物需要短暂分离，建议将分离控制在最短时间，并增加福利措施，以缓解留在笼内的动物的焦虑。
e）社群饲养的动物由于研究等需要与同伴分离，面临分离压力，短期内不适宜进行研究工作，需要一定的隔离适应时间。
f）应在动物早期生长发育阶段，训练其熟悉并与人互动。
g）推荐非人灵长类动物幼崽在群居环境中，由母猴哺育，离乳年龄至少为 1 岁。
h）离乳前应对幼崽性格进行评估，抑制性的幼崽与母猴在一起生活的时间需超过 1 年。
i）应使用社交网络分析工具评估社群饲养稳定水平，揭示非人灵长类群体结构和动态变化，预测社会不稳定的多重因素。

4.3　配对饲养行为管理要点

4.3.1　人员管理
实验动物医师、行为管理人员、饲养人员和研究人员应符合 T/CALAS 1 中有关要求。

4.3.2　设施、设备管理
a）配对饲养环境及设施应符合 GB 14925—2010 中有关要求。

b）提供各种福利设施，如各种保护性栏栅或围栏，从属地位的动物可以逃脱的区域等。

4.3.3　动物管理
a）配对前应评估动物的年龄、性别、体重、行为、健康状况，以及实验研究目的及过程等。

b）两只成年雄性动物，若均表现为高度攻击行为，不适宜配对；两只成年雌性动物，性格温顺，容易配对成功；未成年动物在生长发育期，配对成功率高。

c）配对过程中不应机械按照配对方法的流程执行，需视动物的社会互动行为而定。新配对动物相容行为包括：行为互动、拥抱、理毛、一起玩耍、食物分享、共同参与感知到的威胁；新配对动物不相容的行为包括：不进行空间和食物分享、恶性追逐、通过咬、抓、打等方式试图伤害对方以及怒视的眼神接触、磨牙、张嘴威胁等。

d）成年雄性动物配对时，高危期为前三天。配对开始时，需要专人持续观察，直至两只动物无不相容行为，或由不相容行为转向各种相容行为，此后由持续观察转变为间歇观察。

e）成年雄性动物配对出现攻击行为时，应及时分笼，避免相互伤害。

f）动物配对后，饲养环境尽量保持不变。

4.4　单笼饲养行为管理要点

a）尽可能缩短单笼饲养时间。

b）尽可能为动物提供良性的视觉、听觉、嗅觉等刺激。

c）提供间断性配对及保护性接触机会。

d）在没有其他动物进行间断性配对等情况下，应采取更多样的环境丰富化措施。

e）工作人员应与单笼饲养的动物建立良好互动关系。

f）动物应定期释放到较大空间饲养。

g）行为管理人员对单笼饲养的动物应定期检查，并每隔 30 天重新进行评估，调整饲养策略。

五、环境丰富化

5.1　分类及评估方法

5.1.1　分类

5.1.1.1　物理要素丰富化
a）结构性丰富化装置，如栖息架、秋千、假山等庇护设施及泳池等。

b）耐用性丰富化物，动物可操作的物体，如麻布等布用物品、玩具、镜子、木棍等。

c）可破坏性丰富化物，如旧报纸、旧杂志等。

5.1.1.2　觅食丰富化

在饲养设施内放置谷物、水果、蔬菜、坚果和麦片等食物。

5.1.1.3　感官丰富化

感官丰富化包括视觉丰富化、听觉丰富化、触觉丰富化、味觉丰富化。

5.1.1.4　认知丰富化

认知丰富化包括动物体验新奇事物、行为认知训练等。

5.1.2　评估方法

5.1.2.1　定性观察法

1. 直接观察法

直接观察动物是否回避、无视、接近或使用丰富化设施。

2. 痕迹观察法

观察丰富化环境的痕迹，如藏匿的食物是否被找到并取食，给动物提供的金属箱盖子是否掀开等。

5.1.2.2　定量观察法

1. 目标观察法

在规定的时间间隔内，观察同一只动物对同一种丰富化器材的不同行为次数，用于评估动物是否对这种丰富化器材感兴趣。

2. 瞬时扫描观察法

记录间隔时间点的动物行为，用来评估多种丰富化器材的优劣。

3. 全事件观察法

记录一段时间内，每一个行为发生的频次及持续时间，有至少两人完成，一人计时，一人记录。

5.2　基本原则

5.2.1　明确管理目标

建立既满足动物福利要求，又符合科学研究目的的丰富化管理目标。

5.2.2　保障动物福利及安全

a）动物饲养空间是影响动物福利的关键因素，应符合 GB/T 35892—2018 有关要求。

b）丰富化材料必须无毒无害，丰富化设备等要保障动物享用安全。

5.2.3　预先制定丰富化计划，并进行审核

a）需考虑动物的种类、习性、年龄、个体大小、经历及环境因素，合理配置丰富化要素，提前制定丰富化计划。

b）实验动物福利和使用管理委员会、实验动物医师和研究人员共同审核丰富化计划，确保丰富化对动物有益，并与动物使用的目标一致。

5.2.4　提供所需资源

提供环境丰富化所需资源，包括人员、设施、设备等。

5.2.5 小范围试用原则

新的丰富化项目应首先在小范围内试用，并进行安全性和有效性评估。

5.2.6 持续评估原则

a）持续对丰富化计划进行安全性和有效性评估，动态调整丰富化计划。动物由于科学研究、健康或福利问题不能参加丰富化时，实验动物医师应定期重新审查和评估。

b）对暂时不能进行丰富化的动物，建立动物丰富化免除数据库，并动态维护动物丰富化免除信息。

5.3 环境丰富化行为管理要点

5.3.1 物理要素丰富化

a）应有足够的空间，允许动物表达其自然的姿态及进行姿势调整。

b）庇护设施的建立应考虑设施高度、大小及视线角度等因素。

c）应在垂直空间中提供设备，供动物攀爬、探索以及受惊吓时可垂直逃离。

d）耐用性丰富化物如玩具等，必须无毒无害且不易被咬坏，并进行常规清洗和消毒，经常更换。

e）青春期动物更活跃，应提供空间较大的活动设施及丰富的福利设备。

5.3.2 觅食丰富化

a）食物种类应包含野生物种同类的食物，食物的形状、颜色及制作方式应多样化。

b）提供食物的方式应具有新奇性、多样性。

c）应增加喂食频次，分散喂食时间。

d）用于觅食丰富化的食物应定量，减少高热量食物，避免肥胖。

e）需确保动物在其生命周期所有阶段都能满足营养需求。

f）应诱导动物模仿野生环境觅食行为的方式，获得或处理每日的定量食物。

g）涉及测量摄食或热量摄入的研究可能会限制觅食丰富化，可使用非热量食物（如冰块）和（或）在觅食装置中提供受试动物的日常食物配给。

5.3.3 感官丰富化

5.3.3.1 视觉丰富化

a）应定期变换设施场景。

b）应安装高架观景台及监控装置，扩大动物的视野范围。

c）定时播放电影、视频。

5.3.3.2 听觉丰富化

a）应提供自然背景音乐、发声的丰富化物品等。

b）可配合提供三维空间中攀爬、摇摆和悬挂的机会，刺激前庭平衡的功能。

c）应谨慎选择音乐的音频水平，避免选择令动物厌烦的音乐，并监测动物的反应。

5.3.3.3 触觉丰富化

应提供不同材质和纹理的丰富化物，以及不同大小的触屏装置。

5.3.3.4　味觉丰富化

应适时、适量给予动物适当的甜点、汤羹、盐、冰棒、糖果等。

六、行为训练

6.1　基本原则

6.1.1　明确训练目标

需考虑科学研究的目的和过程，制定行为训练目标。

6.1.2　保障动物福利

参与行为训练动物的福利伦理应符合 GB/T 35892—2018 有关要求。

6.1.3　保障人员安全

采取安全防护措施，保障行为训练人员的安全。

6.1.4　制定并审核行为训练计划

a）需考虑动物的自然史和生物学特性、个体发育史和哺育经历、社会等级地位、实验动物医师的检查结果、科学研究过程等因素制定行为训练计划。

b）实验动物福利和使用管理委员会、实验动物医师、行为训练人员和研究人员共同审核行为训练计划。

6.1.5　行为训练准则

a）行为训练应先易后难，循序渐进。

b）行为训练应保持连贯性和固定性。

c）应使用正向强化训练（奖励），尽量减少负向强化训练。

6.1.6　定期持续评估训练方案

a）评估内容包括：动物对具体行为、训练者或环境的反应，实现目标的过程以及其他行为。

b）应定期持续评估，以寻找行为训练变化趋势。

c）及时调整行为训练计划。根据评估所得信息以及发展趋势，重新调整训练的目标和过程。

6.2　内容

a）友好接触训练。

b）基本检查配合训练。

c）疾病或伤口治疗配合训练。

d）简单给药配合训练。

e）简单采样配合训练。

f）简单运输配合训练。

g）熟悉实验环境训练。

h）简单保定配合训练。

　　i）基础运动行为训练。

　　j）基础认知行为训练。

6.3　行为训练管理要点

6.3.1　人员管理

　　a）行为训练人员应符合 T/CALAS 1—2016 有关要求。

　　b）训练人员需要进行严格培训，了解行为训练的理论和方法，熟练掌握训练程序，检查训练环境，记录训练内容及效果，发现问题，及时汇报。

　　c）训练人员需要有爱心、耐心、细心和责任心，与动物保持亲善、友好互动，能够熟练训练动物，在训练过程中根据动物的状态随时调整自己的训练内容，尽快达到行为训练目的。

　　d）训练人员应尽量固定，确保口令一致。

6.3.2　设施管理

　　训练场所保持安静且稳定的环境条件，避免出现任何条件的突然变化，如光线、人员、动物、异常声响甚至温湿度等。

6.3.3　动物管理

　　a）检查训练设施，准备训练工具。

　　b）了解动物训练前的状态，是否适合接受训练。

　　c）训练前对动物的性格进行评估，制定"个性化"行为管理对策和个体动物行为训练的进度表。

　　d）确定动物的饮食偏好。低价值奖励的食物可以用于训练完成简单的任务，高价值奖励的食物可用于训练更复杂的任务。

　　e）细心观察动物的情绪变化和行为反应，若动物情绪不稳定，应及时停止训练。

　　f）动物在行为训练过程中，可能形成新的刻板行为，需要在训练过程中及时纠正。

7　异常行为

7.1　异常行为分类

7.1.1　自残行为

　　动物的自残行为包括撞头、伤害性拔毛、咬伤自己身体某一部位等。猕猴属实验动物的自残行为描述见附录 A。

7.1.2　刻板行为

　　动物的刻板行为包括连续长时间绕圈、踱步、跳跃、摇摆等或其他自主动作，如自抱、自吮、自抓、遮眼睛、戳眼睛、拔毛等。猕猴属实验动物的刻板行为描述见附录 A。

7.1.3　抑郁行为

　　动物的抑郁行为包括动物垂头、头部低于肩膀、身体蜷缩、手臂搭在身前或自己抱团、眼睛睁开、对外界刺激反应降低等。

7.2　异常行为的诱发因素

7.2.1　社会因素
a）过早离乳。
b）人工哺育。
c）社会等级地位较低。
d）与同伴分离。
e）单笼饲养。

7.2.2　环境因素
a）室内饲养。
b）长期处于房间入口和笼架底层的饲养笼。
c）重复采集样品。
d）频繁更换饲养房间。

7.2.3　年龄因素
幼年和青少年动物更容易发生自残行为；刻板行为则会随年龄增加而逐渐减少。

7.2.4　性别因素
雄性恒河猴比雌性恒河猴更容易发生刻板行为和自残行为。

7.3　异常行为记录内容
a）记录自残行为时，实验动物医师需要评估伤口是动物自己损伤，而非其他可能的原因。
b）异常行为发生的时间、地点。
c）异常行为的特点：行为症状、发生频率、持续时间、严重程度。
d）异常行为发生的饲养环境记录：声音、光线、温湿度等。
e）异常行为发生的其他记录：饲养人员、实验人员、其他动物等。

7.4　异常行为防治要点

7.4.1　预防
动物出生由母猴哺育，1岁以后离乳，幼年及青少年时期进行社群饲养，避免同伴分离和单独饲养。

7.4.2　干预
a）若动物出现表皮损伤、撕裂伤等，实验动物医师需要根据情况，进行外科处理。
b）确定并撤除可能的压力来源。
c）提供多样化的环境丰富化措施。
d）药物治疗。
阶段性使用抗焦虑药物、抗精神病药物、抗抑郁药物等。药物不能治愈动物的异常行为，其效果存在个体差异，停药后可能复发。

第六节 分 析 报 告

本标准总结、提炼了国内尤其是本编制工作组各单位多年积累的猕猴属动物行为管理经验，参考美国国家研究理事会（National Research Council，NRC）发布的 *Guide for the Care and Use of Laboratory Animals*（《实验动物管理和使用指南》，2011 年，第八版），吸收 *Handbook of Primate Behavioral Management*（《灵长类行为管理手册》，Steven J. Schapiro，2017 年，CRC Press）内容，参考国内文献编制而成，具有普遍性指导价值。本标准也有助于非人灵长类行为管理方法、技术标准的建立，对提高非人灵长类动物的福利伦理、保障非人灵长类科学研究数据的质量、推动非人灵长类行为管理在国内的落实和发展具有重要意义。

第七节 国内外同类标准分析

美国国家研究理事会（National Research Council，NRC）发布的 *Guide for the Care and Use of Laboratory Animals*（《实验动物管理和使用指南》，2011 年，第八版），充分考虑了非人灵长类动物物种特异的行为需求。*Handbook of Primate Behavioral Management*（《灵长类行为管理手册》，Steven J. Schapiro，2017 年，CRC Press）提供了圈养非人灵长类行为学管理丰富的信息、指导和数据。本标准总结国内猕猴属动物行为管理经验，参考上述两个指南，依据《灵长类行为管理手册》内容，编制而成，具有较高的指导意义。

第八节 与法律法规、标准的关系

本标准引用文件包括：GB/T 35892—2018《实验动物 福利伦理审查指南》；T/CALAS 1—2016《实验动物 从业人员要求》；T/CALAS 73—2019《实验动物 福利伦理委员会工作指南》；《关于善待实验动物的指导性意见》（国科发财字〔2006〕第 398 号）。

第九节 重大分歧意见的处理和依据

无。

第十节 作为推荐性标准的建议

作为推荐性行业标准进行实施。

第十一节 标准实施要求和措施

编制工作组根据修改意见，进行补充完善；依托中国实验动物学会，逐步在我国科研机构推广应用。

第十二节 本标准常见知识问答

无。

第十三节 其他说明事项

无。

参 考 文 献

科学技术部. 2006. 关于善待实验动物的指导性意见. 国科发财字〔2006〕第 398 号.

中国实验动物学会. 2017. T/CALAS 2—2017 实验动物 术语.

中国实验动物学会. 2018. T/CALAS 62—2018 实验动物 猕猴属动物饲养繁育规范.

中国实验动物学会. 2018. T/CALAS 63—2018 实验动物 猕猴属动物质量管理规范.

中华人民共和国国家质量监督检验检疫总局, 中国国家标准化管理委员会. 2017. GB/T 20001.5—2017 标准编写规则 第 5 部分: 规范标准.

Schapiro S J. 2017. Handbook of Primate Behavioral Management. Boca Raton: CRC Press.

第八章 T/CALAS 106—2021《实验动物 结肠小袋纤毛虫核酸检测方法》实施指南

第一节 工 作 简 况

实验动物作为基础而重要的科研资源，被誉为"活的试剂"和"精密仪器"，已成为生命探索、医学研究、药物研发等领域不断发展的重要基石和支持条件。开放式的饲养条件下，实验动物胃肠道寄生虫的感染率很高，结肠小袋纤毛虫是一种水源性呈世界分布的人畜共患原虫，可感染包括人在内的 30 多种动物，人感染后可造成肠道溃疡、坏死性肺、尿道感染、子宫阴道炎症、膀胱炎等。结肠小袋纤毛虫感染动物机体后可使其免疫力下降，导致结肠小袋纤毛虫的大量繁殖，造成饲料的转化率下降，并且容易继发细菌或病毒感染，加重病情，严重时可致动物死亡，并传播感染其他动物。实验动物若感染寄生虫后，会对其机体造成生理、生化以及免疫学指标的变化，对实验结果的准确性造成一定的干扰，对养殖业造成一定的经济损失，同时带来严重的社会问题，因此，及时有效的诊断是防治结肠小袋纤毛虫病的首要环节，可以最大程度地降低损失，提高养殖企业的经济效益。

寄生虫病检测手段有病原学、免疫学和分子生物学等。病原学检查是常用的确诊方法，但易导致漏诊或误诊，同时一些人畜共患寄生虫病对操作者也造成威胁。免疫学检测在敏感性、特异性方面比病原学检查有所提高，但存在交叉反应、不能区分现症患者或既往感染等问题。传统的 PCR 方法在寄生虫病检测中的敏感性和特异性比前两者更高，前期我们已经对广西人工驯养条件下实验猴体内结肠小袋纤毛虫的感染情况有了初步的了解，已建立了 PCR 检测技术，但是此检测技术也存在一些不足，如操作烦琐、仪器昂贵、扩增耗时等。因此，迫切需要一种敏感性和特异性高、操作简便快速的方法用于寄生虫感染检测。近年来，随着分子生物学技术的发展，新的核酸扩增技术不断涌现。环介导等温扩增（loop-mediated isothermal amplification，LAMP）技术具有操作简单、快速高效、高特异性、高灵敏度、成本低等优点，目前已被应用于血吸虫、弓形虫、球虫等寄生虫的研究中。本课题组利用分子生物学方法以及先进的仪器设备，建立了一套准确、快速、灵敏检测实验动物结肠小袋纤毛虫的环介导等温扩增技术，实验结果证实该检测方法的敏感性高于镜检以及 PCR 方法，此技术可以有效剔除感染动物，在结肠小袋纤毛虫病的监测中发挥作用，以便隔离治疗、消毒处理、提高实验动物质量，在经济、社会等方面具有十分重要的意义。

本项目由广西壮族自治区兽医研究所提出，经全国实验动物标准化技术委员会下达文件，起止时间 2020 年 7 月至 2021 年 7 月。

本标准由广西壮族自治区兽医研究所负责起草。该研究所主要从事动物疫病和人畜共患病防治技术、疫病快速鉴别诊断技术、动物产品质量安全监测方法、畜禽药品研究与开发等方向的研究工作，同时还是广西动物疫病防控技术研发人才小高地建设载体单位、广西兽医生物技术重点实验室、农业部兽用药物与兽医生物技术广西科学观测实验站、广西博士后科研工作站、国家引进国外智力成果示范推广基地，已建立形成一支具有国际学术视野、富有创新能力的科技队伍。已获得国家科技发明奖二等奖 1 项，国家科技进步奖三等奖 1 项，省部级科技进步奖一等奖 4 项、二等奖 18 项、三等奖 25 项，发表论文 1200余篇，其中 SCI 论文 110 余篇，制定广西地方标准 39 项，项目组成员长期从事食蟹猴疾病防治研究工作，承担着多项农业部、自治区科技厅科研项目，掌握了寄生虫形态学、分子生物学和生物信息学知识，为本项目的开展提供了知识储备。项目实施单位广西壮族自治区兽医研究所已具有本项目所要求的实验条件及设备，如生物安全防护实验室、带测微尺的显微镜、Loopamp®实时浊度仪 LA-320c、PCR 仪、图像分析系统、凝胶图像分析系统、超低温冰箱等。

第二节　工作过程

一、主要工作过程

（一）建立标准起草组

本标准由广西壮族自治区兽医研究所提出后，经中国实验动物学会实验动物标准化专业委员会讨论评议，该提案通过中国实验动物学会团体标准立项。2019 年 5 月成立由广西壮族自治区兽医研究所组成的标准起草组。

（二）形成标准草案

标准起草组于 2019 年 6 月通过数据文献的调研和实地考察，充分了解结肠小袋纤毛虫的现状和检测方法。2019 年 8 月完成了相关资料的收集和分析工作。标准起草组经多次组内研讨，确定了标准的框架和主要技术内容，并于 2020 年 1 月形成标准草案。

（三）征求意见阶段

标准起草组先后召开了多次组内研讨会，对标准草案进行了讨论。根据专家意见，标准起草组对草案内容进行了修改，于 2020 年 12 月底形成标准征求意见稿。2021 年 4～5月，中国实验动物学会公开征集意见，2021 年 9 月中国实验动物学会组织专家召开征求意见稿讨论会。征求意见稿共发送 40 家单位，收到征求意见稿后，回函的单位数为 30 个。2021 年 9 月标准起草组根据专家意见，采纳了部分专家的意见建议，对不采纳的专家意见建议已做详细的说明，进一步完善形成标准送审稿。

（四）标准审查和批准阶段

2021 年 10 月经全国实验动物标准化技术委员会审查通过，根据委员会意见修改形成报批稿。2022 年 1 月经中国实验动物学会常务理事会批准发布。

二、本标准主要起草人及其所做的工作

谢永平：统筹主持标准起草工作，协调标准起草组的各项工作分配，通过实地考察，完成了相关资料的分析工作，负责试验设计和技术指导。

贺会利：通过数据文献的调研，完成了相关资料的收集工作，主要负责引物设计。

冯世文：负责会议记录和会议纪要整理，协助编写编制说明，主要负责样品抽提。

潘艳：修改完善标准文本草案并撰写标准草案编制说明，主要负责样品采集、运输。

李军：负责数据整理、标准资料的撰写、校正及审阅。

第三节　编写背景

结肠小袋纤毛虫是一种水源性呈世界分布，寄生在动物肠道的人畜共患原虫，可感染包括人在内的 30 多种动物，如猪、猩猩、猴、马、羊等均可感染，导致动物机体腹泻、结肠充血、出血、溃疡和穿孔等，并且容易继发细菌或病毒感染，人感染后可造成肠道溃疡，甚至可转移至呼吸道、尿生殖道、盆腔等部位寄生，造成坏死性肺、尿道感染、子宫阴道炎症、膀胱炎等，对动物机体健康造成威胁。我国已有 20 多个省市出现感染结肠小袋纤毛虫，感染和分布有扩大的趋势。有研究发现实验猴结肠小袋纤毛虫的感染率为 26.1%。开放式的饲养条件下，实验动物胃肠道的寄生虫感染率很高，当前的检测方法主要是镜检，镜检要求操作者具有熟练掌握辨别寄生虫样本的能力，但容易漏检、对操作者造成视觉疲劳，导致临床检测出现误差，甚至做出错误的判断，同时一些人畜共患寄生虫病对操作者的健康也造成威胁。目前，环介导等温扩增（loop-mediated isothermal amplification，LAMP）技术已被应用于寄生虫的研究中，本课题组预建立一套检测实验动物结肠小袋纤毛虫的环介导等温扩增技术，可有效净化猴群，保障猴群健康，提高实验动物质量，保障实验结果的准确性，提高经济效益。

第四节　编制原则

本标准编制遵循"科学性、实用性、先进性"的原则，本标准在制定过程中对国内外有关文献、有关标准规范进行了广泛的收集查阅，与国内外有关标准规范接轨，重点突出在特异性、敏感性指标上，并注重标准的可操作性。目前区内乃至国内还没有制定出相关的技术标准，因此本标准的制定具有先进性。

第五节　内容解读

经过起草组成员的认真分析研究和有关专家的深入讨论，将本标准中涉及的内容协商一致，确定了本标准的主要内容：结肠小袋纤毛虫 LAMP 引物设计、样品采集、样品保存和运输、样品预处理、LAMP 反应体系等。同时，对标准中涉及的技术参数、指标等内容进行了反复验证，确保标准在发布实施后，具有科学性、实用性和可操作性。

LAMP 引物设计：根据 GeneBank 中已经发表的结肠小袋纤毛虫 18S rRNA 基因序列，利用在线软件 http://primerexplorer.jp/e/ 设计 LAMP 引物。

样品采集：用棉拭子或用一次性手套采集新鲜的实验动物粪便，每份 2.0 g～5.0 g，装入无菌的密封袋或者试管中。采样过程中应戴一次性手套，采样过程中样本间避免交叉污染。每份样品标记样品编号、名称、采样时间、采集单位。

样品保存和运输：采集的样品在常温条件下保存应不超过 72 h，长期保存装入灭菌容器内 4℃保存，保存期不超过半个月。样品运输应放在一个不透水、防泄漏的容器内，保证完全密封。所有样品应附有一份说明，包括样品提交人、样品来源地、动物种类和年龄、与动物有关的病史以及联系方式等，样品采集、运输和处理的生物安全要求按照 GB 19489、GB/T 27401 和《兽医实验室生物安全管理规范》的规定。

样品的预处理：取待检实验动物的新鲜粪便 2.0 g～5.0 g，置灭菌烧杯充分搅匀，称取搅拌后的粪便样本 100 mg～300 mg 至 2 mL 离心管中用于 DNA 提取或置于–20℃保存备用。

LAMP 反应体系：

2×反应缓冲液	12.5 μL
Bst DNA 聚合酶	1 μL
xmc-F3	5 pmol
xmc-B3	5 pmol
xmc-FIP	40 pmol
xmc-BIP	40 pmol
去离子水（DW）	补足 23 μL

分装后，放入微量离心机中离心数秒（瞬时离心），以此作为预混溶液，配制好的预混溶液立即使用。

第六节　分析报告

运用实时浊度仪实时监测反应扩增情况，通过读取反应管的浊度值绘制浊度曲线，在阴阳性对照成立的情况下，样品反应管出现浊度上升曲线的为阳性结果，没有出现浊度上升曲线的为阴性结果（图 1）。

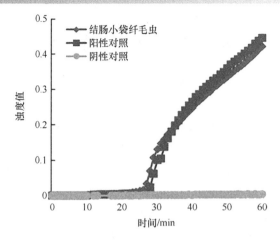

图1 LAMP 检测结果图

本项目主要对引物的特异性进行了试验，结果表明：本引物的特异性高，可以用于临床上实验动物结肠小袋纤毛虫病的实时监测中，为结肠小袋纤毛虫病的筛查提供了有效的检测方法。

第七节 国内外同类标准分析

现行标准 GB/T 18448.10—2001《实验动物 肠道鞭毛虫和纤毛虫检测方法》通过直接涂片苏木素染色检测纤毛虫，凡在显微镜下检查到纤毛虫的滋养体或者包囊均可判为阳性。

本标准制定过程中未检索到国际标准或国外先进标准，标准水平达到国内先进水平。

第八节 与法律法规、标准的关系

本标准与现行法律法规和强制性标准没有冲突。本标准制定过程中参考的主要标准如下：

GB 19489　　《实验室 生物安全通用要求》

GB/T 6682　　《分析实验室用水规格和试验方法》

NY/T 541　　《动物疫病实验室检验采样方法》

GB/T 27401　　《实验室质量控制规范 动物检疫》

《兽医实验室生物安全管理规范》（中华人民共和国农业部公告第 302 号）

第九节 重大分歧意见的处理和依据

本标准在编写过程、试验验证、标准草稿征求意见中均未出现重大意见分歧。

第十节　作为推荐性标准的建议

本标准建议作为推荐性标准。

第十一节　标准实施要求和措施

建议标准实施后组织标准学习，使研究院所了解标准内容，促进标准的顺利实施。

第十二节　本标准常见知识问答

无。

第十三节　其他说明事项

无。

第九章　T/CALAS 107—2021《实验动物　钩端螺旋体 PCR 检测方法》实施指南

第一节　工 作 简 况

国家"十三五"重点专项"畜禽疫病防控专用实验动物开发"课题"SPF 犬钩端螺旋体发病模型的建立及评价"（2017YFD050160505）在实施时，建立了成熟的钩端螺旋体（钩体）PCR 检测方法，能够快速检测到早期感染犬体内的钩端螺旋体的特异性核酸，经过对现地临床钩端螺旋体病例和实验室钩体培养物的初步应用，表明该方法成熟、准确而且稳定。在此基础上，提出了《实验动物　钩端螺旋体 PCR 检测方法》技术标准。

第二节　工 作 过 程

起草组由中国农业科学院哈尔滨兽医研究所实验动物与比较医学团队的韩凌霞副研究员以及公安部南昌警犬基地的刘占斌副研究员和叶俊华研究员组成。2020 年 11 月，起草组向中国实验动物学会实验动物标准化专业委员会递交了团体标准《标准制订计划项目提案表》和标准草案。

2020 年 12 月 1 日通过了中国实验动物学会实验动物标准化专业委员会组织的专家讨论，批准立项。

2020 年 12 月 17 日通过了讨论审议，同意进入公开征求意见阶段。向专家集中征求意见三次，共向 20 个单位发出征求意见表，收到返回意见的单位有 20 个，意见包括：①"应按 GB/T 1.1—2020 给出的规则进行修改"，已采纳。②"不太适合作为标准"，未采纳。③应"0.5 mL～1 mL 短线"，采纳。④"离心应以 $x\,g$ 离心力为单位"，采纳。⑤"动物采样时应考虑生物安全，符合 GB/T 35823 的规定"，接受。⑥"没有必要定义钩端螺旋体"，未采纳。⑦"定义"中说"可感染几乎所有温血动物"与"范围"中"适用于实验犬、小鼠和猪等"不符。实验羊和猫也会感染，是否适用？部分接受，保留了定义，把"范围"中内容改为"部分实验动物"。⑧"增加《中华人民共和国生物安全法》和《中华人民共和国国境卫生检疫法》"，接受。⑨"英文题目改为 Laboratory animal— PCR method for *Leptospira* testing"，采纳。⑩"肾脏组织不能局限于死亡动物，建议增加非死亡动物的肾脏取材"，未采纳。因为钩体可以在体液中长期存在，急性感染期可在血液或脑脊液中持续 10 天，感染中后期或康复后可长期从尿液排出，延续数月，因此没必要对健康活犬采集肾脏。⑪在"电泳结果判定中，仅提到片段有预期大小的唯一清晰条带，可判定为阳性，而无条带或者条带大小不符合预期为阴性。这种 PCR 的判定方式在真实场景中可能会存在一定的问题，尤其是 PCR 失败带来的假阴性问题。建议能够重新设计一个多重 PCR 体系，其中阴性样本扩增显示一条带，显示该样本的 PCR 体系合适，阳性样本扩增呈现两条带，其中和阴性样本扩增一样的条带显示 PCR 体系合适，另一条预期大小的条带显示阳性样本扩增"，未采纳。本标准主要用于实验动物生产或使用设施中实验动物疑似感染钩体的早期检测和日常监测，被检样品的微生物学感染背景较为清晰，不同于现地临床患病动物的混合感染情况，常规 PCR 的特异性能满足本标准检测技术的判定需要。

2021 年 9 月起草组根据专家意见，进一步完善形成标准送审稿。10 月经全国实验动物标准化技术委员会审查通过，根据委员会意见修改形成报批稿，12 月经中国实验动物学会常务理事会批准发布。

第三节　编　写　背　景

钩端螺旋体（*Leptospira*），简称钩体，一端或两端弯曲呈钩状或问号状，长 4 μm～20 μm，呈右向螺旋，在合适的培养环境下沿长轴方向滚动或横向屈曲运动，具有较强的组织穿透力。钩体有两类抗原物质：S 抗原位于菌体内部，有凝集和补体结合抗原的作用；P 抗原位于菌体表面，是血清群或血清型的分类基础（中国农业科学院哈尔滨兽医研究所，2013）。钩端螺旋体有致病性、条件致病性和非致病性多个基因种，致病性菌株以血清型分类，各血清群、血清型抗体之间一般无交叉反应。致病性钩体能引起人及动物的钩端螺旋体病（leptospirosis，简称钩体病），呈世界分布。中国绝大多数地区都有不同程度的流行，尤以南方各省最为严重，对人民健康危害很大，是我国重点防治的传染病之一。

钩体病为自然疫源性疾病，长期带菌的野生啮齿动物是钩体的重要储存宿主和传染源。钩体有较强的侵袭力，能穿过正常或破损的皮肤和黏膜，通过胎盘屏障，侵入人体，引起胎儿流产。钩体通过皮肤黏膜侵入机体后，在局部经 7～10 天潜伏期后进入血循环，大量繁殖引起早期败血症，机体出现发热、恶寒、全身酸痛、头痛、结膜充血、腓肠肌痛等临床症状。约一个月后，钩体侵入肝、脾、肾、肺、心脏、淋巴结和中枢神经系统等组织器官，损害相关组织脏器，导致肝、肾功能衰竭以致死亡。钩体主要在机体的肾小管生长繁殖，可长期随尿液排出。

钩体的菌型、毒力、数量不同以及机体免疫力强弱不同，病程发展和症状轻重差异很大，钩体血清型与钩体临床分型无固定关系，临床分型随病情发展也可变动。临床上常见以下几种类型。

a）流感伤寒型：是早期钩体败血症的症状，临床表现如流感，症状较轻，一般内脏损害也较轻。

b）黄疸出血型：除发热、恶寒、全身痛外还有出血、黄疸及肝肾损害症状。出血可能与毛细血管损害有关，即钩体毒性物质损伤血管内皮细胞，使毛细血管通透性增高，导致全身器官主要是肝、脾、肾点状出血或瘀斑，表现为便血及肘细胞损伤，出现黄疸。

c）肺出血型：有出血性肺炎症状，如胸闷、咳嗽、咯血、紫绀等，病情凶险，常死于大咯血，死亡率高。

d）其他：脑膜脑炎型、肾功能衰竭型、胃肠炎型等，均表现相应器官损害的症状。

钩体的自然宿主广泛，几乎所有温血动物都可感染，鼠类是最重要的储存宿主。钩体侵入机体后 12 h 即可在肝增殖，之后发生菌血症。体温升高后，红细胞崩解，引起溶血性黄疸。发热期，菌体在肝和肾大量增殖，肝组织受到破坏，引起实质性黄疸；随后血液内凝集素和溶解素聚集，体温下降，菌体从血液、肺和肝消失，肾小管内因体液难以到达而受影响较小，导致肾变性、坏死和出血，有时出现血尿。不同血清型的致病性钩体能引起人和动物的钩体病，主要表现为发热、黄疸、血红蛋白尿、出血性素质、流产、皮肤和黏膜坏死以及水肿等。钩体通过直接或间接方式传播，侵入机体后，通过血液，最终定位于抗体不易到达的肾小管，可长期带菌，引起隐性感染（陈溥言，2007），是我国农业农村部和卫生部制定的法定乙类传染病。近年来我国现地钩体病时有报道，最近在野生小鼠、羊、牛和犬中皆有发生感染的报道（刘华，2020；姜娓娓和由皓月，2020；叶星海和苏菲菲，2019；张翠彩等，2019；娄银莹等，2020；刘文强等，2006）。

有关钩体的检测有 4 个技术难点：①易感动物种类多，血清群和血清型复杂多样，血清学交叉反应弱，抗体水平或动态抗体水平检测升高，能反映追溯性临床感染，不适合早期诊断，无法排除是否为无症状带菌；②感染率高，发病率低，临诊症状严重的少，多为隐性感染，临诊和病理变化多样，难以确诊；③菌体在体液中的分布与病程有关，在急性感染期，大概持续 10 天时间在血液或脑脊液，当中后期特异性抗体产生后，钩体主要存在于脊髓液和尿液，动物康复后尿液可长期排菌，可延续数月，细菌断断续续存在；④体外培养时间长，至少需要一周的时间，从尿液分离培养菌的鉴定方式还因材料中常存在其他常在菌而难以纯化和鉴定。

16S rRNA 是所有细菌的核糖体 RNA 的一个类型，含有约 1540 个核苷酸，在进化过程中功能几乎保持恒定，既具有保守性，能揭示出原核生物物种的特征核酸序列，又具有高变性，能反映生物物种的亲缘关系，是属种鉴定的分子基础。16S rRNA 的编码基因 16S rDNA 比 16S rRNA 理化性质更稳定，已成为当前进行细菌分类的常用靶基因（Mérien et al., 1992）。建立针对钩体 16S rDNA 的 PCR 检测方法，能避免血清型的影响，减少了对检材中菌体含量的要求，尤其适合早期感染和健康带菌动物的检测。

第四节　编　制　原　则

本标准的编制主要遵循以下原则。

a）目的性：本标准适用于实验动物钩端螺旋体的 PCR 检测。

b）可证实性：本标准的主要技术指标经过了对钩端螺旋体病犬、病鼠和钩端螺旋体培养物的检测，能够获得正确的结果。

c）最大自由度原则：本标准只是规定了实验动物钩端螺旋体 PCR 检测所需的引物和关键程序，对基因组提取、电泳条件等不直接影响结果的内容，未做强制要求。

第五节　内容解读

一、范围

本标准规定了犬类实验动物的钩端螺旋体 PCR 检测方法,适用于部分实验动物的钩端螺旋体核酸检测。

二、规范性引用文件

本标准引用了下列文件: GB 19489《实验室　生物安全通用要求》、GB/T 35823《实验动物　动物实验通用要求》、GB/T 35892《实验动物　福利伦理审查指南》、NY/T 541《兽医诊断样品采集、保存与运输技术规范》、NY/T 1673《畜禽微卫星 DNA 遗传多样性检测技术规程》以及《中华人民共和国生物安全法》。

三、术语和定义

1. 钩端螺旋体（*Leptospira*）

钩端螺旋体简称钩体,呈螺旋状,一端或两端弯曲呈钩状或问号状,长 4 μm～20 μm,旋转式运动活泼,具有较强的组织穿透力。根据抗原结构成分和交叉凝集试验可分为多个血清型和血清群,引起家畜发病的有波摩那型、犬型、秋季热型、出血黄疸型、澳洲型、流感伤寒型等。可感染几乎所有温血动物,鼠类是最重要的储存宿主,引起发热、黄疸、血红蛋白尿、出血性素质、流产、皮肤和黏膜坏死以及水肿等。

2. 16S rDNA

16S rDNA,即原核生物的核糖体 16S 亚基编码基因,具有高度的种属特异性,常被用来作为原核生物分类的依据。

四、样品采集前的准备

1. 风险评估与控制

风险评估与控制指对被检实验动物进行检测前,应按照《中华人民共和国生物安全法》和 GB 19489 的规定,对被检动物的生物风险进行评估,以免发生生物安全事故。

2. 生物安全

生物安全指动物采样时的实验室管理、实验条件、实验动物质量、基本技术操作等环节,均应符合 GB/T 35823 的规定。

3. 动物福利伦理

动物福利伦理指动物采样时应考虑动物的福利与伦理,应符合 GB/T 35892 的规定。

五、样品采集与储存

1. 血液

疑似感染钩端螺旋体的动物在感染后一周内或正处发热期,可采集抗凝血。犬和猪通过前臂头静脉或颈静脉采集，动物的保定和采集步骤按照 NY/T 541 执行。采用肝素钠抗凝管收集血液时，至少应采集 0.25 mL 血液；采用 5%柠檬酸钠溶液抗凝时，血液量应比抗凝剂多 4 倍，总体积至少 1 mL。小鼠可通过尾静脉或颌下静脉采集，采血过程符合 GB/T 35892 的规定。

2. 尿液

出现黄疸、发热体温升高后恢复正常、呕吐等疑似感染钩端螺旋体的动物，或者无症状但需要检测时，可采集尿液。尿液的体积以 0.5 mL～5 mL 为宜。采取膀胱穿刺法采集犬和猪的尿样时，将动物取仰卧位保定，手触摸确定膀胱位置，依据 NY/T 541 的规定进行表皮消毒，将一次性注射器针头垂直刺入皮肤进入膀胱，抽取尿液。有条件的可以在超声引导下膀胱穿刺取尿，已剖检的动物可直接用注射器刺入膀胱取尿。利用导尿管收集尿液时，犬和猪可侧卧或仰卧位保定，对尿道口常规消毒，选取大小合适的导尿管从尿道口缓慢插入膀胱，待尿自动流出接取，或将导尿管连接注射器抽取。直接接取尿液时，可将适当大小的无菌离心管或容器，用绳固定在阴茎下或外阴部，接取尿液。直接接取尿液时，可将适当大小的无菌离心管或容器，用绳固定在阴茎下或外阴部，接取尿液。按照 NY/T 541 的操作执行。

另外，抓取小鼠时，若动物受应激排尿，尿液粘在被毛上，也可用移液器直接吸取。

3. 脑脊液

对啮齿类实验动物麻醉后，可采集脑脊液。

4. 肾组织

对于死亡 2 h 以内的动物，可以剖检取肾组织。

六、样品处理

本文件主要规定了对抗凝血、尿液、脑脊液和肾组织的处理。血液中应除去细胞沉淀吸取血浆，尿液应除去膀胱上皮细胞和尿结晶等大颗粒，肾组织应用磷酸盐缓冲液（PBS）制备组织匀浆。均先经过 800 g 离心 10 min，4℃ 13 000 g 离心 10 min，弃上清，用 100 μL 灭菌水悬浮沉淀，96℃ 10 min 灭活后备用。

按照 NY/T 1673 中的苯酚氯仿法，或商品化试剂盒的产品说明书提取样品 DNA。DNA 的浓度和纯度应符合要求，浓度高于 50 ng/μL，纯度 OD_{260}/OD_{280} 为 1.6～1.8。

七、PCR 反应

1. 引物设计

引物针对钩体的 16S rDNA 序列保守区，上游引物序列为 F：5′-GGCGGCGCGTCTT AAACATG-3′，位于 33 nt～57 nt，下游引物序列为 R：5′-TTCCCCCCATTGAGCAAGATT-3′，位于 348 nt～368 nt。扩增产物的长度应为 331 bp。

2. 反应体系

总体系为 25 μL，DNA 模板 1.5 μL，引物各 1 μL，10 μmol/L，*Taq* mix 酶 12.5 μL，ddH$_2$O 9μL。

3. 反应条件

94℃ 3 min；63℃ 1.5 min，72℃ 2 min；94℃ 1 min，63℃ 1.5 min，72℃ 2min，共

29 个循环；72℃延伸 10 min。

八、产物检测

a）反应结束后，取 10 µL PCR 产物与上样缓冲液混合，于 1%琼脂糖凝胶中电泳。每个样品加样量为 10 µL，同时以 DNA 分子质量标准物为参照。150 V 恒压电泳 25 min，成像观察结果。

b）将全部 PCR 产物直接进行核苷酸测序，测序引物可使用 F 或 R。测序结果通过美国国家生物信息学数据库（NCBI）GenBank BLAST 序列比对，与登录号为 CP020414.2（核苷酸序列见附录 A）或其他收录有钩端螺旋体 16S rDNA 的数据库进行序列同源性比对。

九、结果判定

1. 琼脂糖凝胶电泳

按常规方法进行 1%琼脂糖凝胶电泳，以 DNA 分子质量标准物为参照，设阴性对照。有条件的，加阳性对照。结果中，若空白对照和阴性对照没有扩增，被检样品仅出现一条 331 bp 清晰条带，则判为被检样品钩体核酸检测阳性。

2. 核苷酸测序

将 PCR 产物直接测序，测序结果利用互联网公开数据库，与钩端螺旋体 16S rDNA 的核苷酸序列进行同源性比对。同源性为 100%时，判定结果为阳性。扩增产物的标准序列共 331 bp，序列如下，其中斜体序列为引物同源序列。

5'-*TTCCCCCCATTGAGCAAGATT*CTTAACTGCTGCCTCCCGTAGGAGTATGGACCGTGTCTCAGTTCCATTGTGGCCGAACACCCTCTCAGGCCGGCTACCGATCGTCGCCTTGGTGAGCCTTTACCTCACCAACTAGCTAATCGGACGCGGGCTCATCTCCGAGCAATAAATCTTTACCCGAAAAATCTTGTGATCTCTCGGGACCATCCAGTATTAGCTTCCCTTTCGGAAAGTTATCCCAGACTCAGAGGAAGATTACCCACGTGTTACTCACCCGTTCGCCGCTGAGTATTGCTACTCCGCTTGACTTG*CATGTTTAAGACGCGCCGCC*-3'。

第六节　分 析 报 告

一、澳洲型钩端螺旋体标准菌株人工感染地鼠肾的检测

利用该方法，对澳洲型钩体人工感染金黄地鼠的肾组织匀浆液进行检测，以澳洲型钩体体外纯培养物为阳性对照。利用试剂盒提取总 DNA，进行 PCR 检测。琼脂糖凝胶电泳结果显示，培养物和金黄地鼠的肾组织中均扩增出特异性的条带，大小约 331 bp，见图 1。

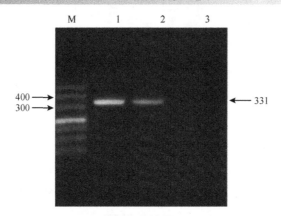

图 1　澳洲型钩端螺旋体 PCR 检测结果

M. DNA 500 标准分子量；1. 澳洲型菌株培养物阳性对照；2. 澳洲型感染金黄地鼠的肾；
3. 无菌水作为阴性对照

二、标准技术对不同血清型钩端螺旋体的特异性检测

　　分别将澳洲型、黄疸出血型和犬型钩体标准株人工感染金黄地鼠的肾组织液，以澳洲型菌株体外培养物为阳性对照，以灭菌水阴性对照，进行 PCR 检测。扩增产物的琼脂糖凝胶电泳结果见图 2，以 DNA 500 标准分子量作为参考。结果表明均能扩增出澳洲型、黄疸出血型和犬型钩体核酸。

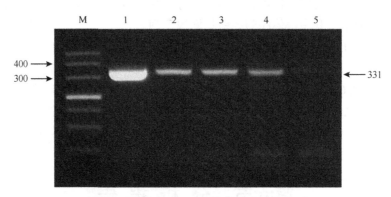

图 2　对三种常见血清型钩体的特异性检测

M. DNA 500 标准分子量；1. 澳洲型菌株培养物阳性对照；2. 澳洲型；3. 黄疸出血型；4. 犬型；5. 灭菌水

三、标准技术对现地钩端螺旋体感染犬尿液的检测

　　将 5 只出现黄疸、生化指标符合钩端螺旋体病的犬，按标准建议的方式采集尿液。提取尿液中的基因组 DNA，进行 PCR 检测。以澳洲型菌株培养物为阳性对照，无菌水为阴性对照。电泳结果显示均扩增出符合预期大小的特异性条带，结果见图 3。

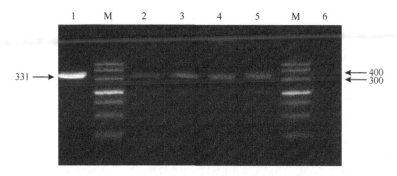

图 3　PCR 对临床疑似钩体病犬的检测结果

M. DNA 500 标准分子量；1. 澳洲型菌株培养物阳性对照；2～5.4 只钩体病犬的尿液；6. 水对照

第七节　国内外同类标准分析

2009 年 3 月 1 日起开始实施的 GB/T 14926.46—2008《实验动物　钩端螺旋体检测方法》规定了实验犬钩端螺旋体显微凝集试验和酶联免疫吸附试验的检测方法与结果判读，适用于检测实验犬体内钩端螺旋体抗体水平和群体感染钩体的信息，鉴定时需要利用 15 种标准钩端螺旋体株。根据国家相关规定，钩体只有在有特定资质的机构才允许保存和使用，一般的实验室没有培养和操作钩体的资质，限制了该标准的应用。另外，血清学检测结果只能表明样品来源动物体内曾经感染过钩体，无法区分是感染了野生钩体还是接种过钩体疫苗，只有通过抗体水平的效价整齐度或动态变化来进行回顾性分析，且对当前是否出于钩端螺旋体早期感染或是否带菌无法判断。

2005 年 4 月 1 日起实施的检验检疫行业标准 SN/T 1487—2004《输入性啮齿动物携带钩端螺旋体的检测方法》，规定了啮齿动物钩端螺旋体的血清学诊断标准。

2014 年 6 月 1 日起实施的 SN/T 3741.1—2013《国境口岸鼠类携带病原体检测方法第 1 部分：致病性钩端螺旋体 PCR 检测方法》，规定了口岸针对啮齿动物感染钩端螺旋体的 PCR 检测方法。

2006 年 8 月 16 日起实施的 SN/T 1717—2006《出入境口岸钩端螺旋体病监测规程》，适用于口岸人群、动物和物品的钩端螺旋体监测，规定了过境口岸人员、动物和物品的钩端螺旋体监测，既可用于血清学监测，也含有 PCR 技术，但未规定生物样品的采集办法。

2008 年 8 月 1 日实施的卫生行业标准 WS 290—2008《钩端螺旋体病诊断标准》，规定了人群感染钩端螺旋体的诊断标准，从流行病学、临床症状和实验室病原检查、血清检查和 PCR 诊断结果方面，为钩端螺旋体病提供了详细的诊断标准，适用于出现临床症状的疾病的诊断，不适合未出现症状前的潜伏期早期检测。各现行钩端螺旋体检测标准的适用范围和检测方法见表 1。

表 1　现行钩端螺旋体诊断标准

现行标准	适用范围	检测方法
GB/T 14926.46—2008 《实验动物钩端螺旋体检测方法》	实验犬钩端螺旋体的检测	显微凝集试验；酶联免疫吸附试验（ELISA）

续表

现行标准	适用范围	检测方法
SN/T 1487—2004《输入性啮齿动物携带钩端螺旋体的检测方法》	检验检疫机构对过境口岸啮齿动物携带钩端螺旋体的检测	直接镜检；显微凝集试验；酶联免疫吸附试验（ELISA）
SN/T 3741.1—2013《国境口岸鼠类携带病原体检测方法　第 1 部分：致病性钩端螺旋体 PCR 检测方法》	国境口岸鼠类携带钩端螺旋体检测	PCR 检测
SN/T 1717—2006《出入境口岸钩端螺旋体病监测规程》	出入境口岸人员和动物及物品钩端螺旋体病监测	流行病学监测；病原检测；血清学检测；PCR 检测
WS 290—2008《钩端螺旋体病诊断标准》	各级医疗卫生机构对患者检测	流行病学监测；临床症状观察；病原检测；血清学检测；PCR 检测

第八节　与法律法规、标准的关系

本标准是对现行实验动物标准的补充，不存在冲突和矛盾。

第九节　重大分歧意见的处理和依据

从标准结构框架和制定原则的确定、标准的引用、有关技术指标和参数的试验验证、主要条款的确定直到标准草稿征求专家意见，未出现重大意见分歧的情况。

第十节　作为推荐性标准的建议

建议作为推荐性标准。

第十一节　标准实施要求和措施

建议由中国实验动物学会推荐实施，在实验犬生产和使用单位推广使用。

第十二节　本标准常见知识问答

无。

第十三节　其他说明事项

无。

参考文献

陈溥言. 2007. 兽医传染病学. 5 版. 北京: 中国农业出版社: 183-187.

姜娓娓, 由皓月. 2020. 一起羊钩端螺旋体病诊治. 畜牧兽医科学, (1): 114-115.

刘华. 2020. 牛钩端螺旋体病诊断与防控. 畜牧兽医科学, (15): 55-56.

刘文强, 贾玉萍, 赵宏坤. 2006. 16S rRNA 在细菌分类鉴定研究中的应用. 动物医学进展, (11): 15-18.

娄银莹, 周梦洁, 张颖欣, 等. 2020. 2017-2019北京地区犬钩端螺旋体病流行病学调查. 中国人兽共患病学报, 36(1): 56-59.

孙毅, 戴宗浩, 彭梦华, 等. 2020. 江西地区鼠源致病性钩端螺旋体菌的分离纯化与鉴定. 实验动物科学, 37(2): 42-46.

叶星海, 苏菲菲. 2019. 高通量测序技术确诊钩端螺旋体感染一例. 中华临床感染病杂志, (6): 474-475.

张翠彩, 张汀兰, 徐建民, 等. 2019. 2016-2018 年江西省钩端螺旋体病鼠类动物流行病学调查与分离菌株鉴定. 中国人兽共患病学报, 35(12): 1080-1084.

中国农业科学院哈尔滨兽医研究所. 2013. 兽医微生物学. 2 版. 北京: 中国农业出版社: 122.

Mérien F, Amouriaux P, Perolat P, et al. 1992. Polymerase chain reaction for detection of *Leptospira* spp. in clinical samples. J Clin Microbiol, 30: 2219-2224.

第十章 T/CALAS 108—2021《实验动物 骨与关节疾病食蟹猴模型评价规范》实施指南

随着社会的进步和人类生活水平的提高，世界正逐步进入老龄化，相关的老年性疾病发病率也在逐年升高，如膝骨关节炎和强直性脊柱炎。膝骨关节炎在 65～75 岁人群中发病率达 50%，强直性脊柱炎在中国人群中发病率为 0.2%～0.54%，两种疾病均会对患者生存质量造成严重影响。深入探讨膝骨关节炎和强直性脊柱炎的病因、病机及开发新的治疗靶点是亟待解决的关键问题。而相关的疾病动物模型是研究上述疾病发病机制和药物开发的重要载体。

相比于啮齿动物和其他类动物模型，非人灵长类模型具有无可比拟的优势，其在遗传背景、生理结构等方面与人类高度相似，比其他模式动物能更好地复制人类疾病。特别是自发性的非人灵长类疾病动物模型，能更好地模拟疾病的发病机制和病理进程。

第一节 工 作 简 况

根据中国实验动物学会实验动物标准化专业委员会（标委会）2020 年 3 月 10 日下达的《关于征集 2020 年实验动物标准化建议及标准立项的通知》，由广东省实验动物监测所牵头，组织广东药科大学、广州春盛生物研究院有限公司、从化市华珍动物养殖场（普通合伙）共 4 家单位协作完成了《实验动物 骨与关节疾病食蟹猴模型评价规范》团体标准的起草工作。

第二节 工 作 过 程

起草组成员包括贾欢欢副研究员、陈梅丽高级兽医师、李文德研究员、吴玉娥副主任药师、赵维波研究员、卢丽副教授、班俊峰助理研究员、关业枝研究员、陈梅玲助理研究员、黄韧研究员、廖金娥场长、马荣华场长、许良知兽医等，上述成员分别从事多年实验动物标准起草、疾病动物模型研究、灵长类动物疾病诊断、骨与关节疾病研究、动物饲养护理等相关研究工作，具有一定的知识储备和经验积累。本草案是在陈梅丽高级兽医师和黄韧研究员指导下，由贾欢欢副研究员负责标准草案的起草和撰写工作，其他同志参加了标准的起草，并对标准的内容提出了修改意见。

本标准草案的起草经历了以下 6 个阶段。

a）2020 年 4 月 10 日根据标委会《关于征集 2020 年实验动物标准化建议及标准立项的通知》要求，起草人提交了 3 项骨与关节疾病食蟹猴模型诊断相关标准，如下：《实验动物 自发性强直性脊柱炎食蟹猴疾病模型的诊断规范》《实验动物 自发性膝骨关节炎食蟹猴疾病模型的诊断规范》《实验动物　自发性类风湿性关节炎食蟹猴疾病模型的诊断规范》。

b）2020 年 7 月 28 日经中国实验动物学会实验动物标准化专业委员会讨论，拟将《实验动物　自发性强直性脊柱炎食蟹猴疾病模型的诊断规范》《实验动物　自发性膝骨关节炎食蟹猴疾病模型的诊断规范》《实验动物　自发性类风湿性关节炎食蟹猴疾病模型的诊断规范》等 3 项标准合并为《实验动物　食蟹猴常见疾病模型诊断规范》。根据研究的实际情况和各起草人的意见，并与标委会沟通后，拟去掉《实验动物　自发性类风湿性关节炎食蟹猴疾病模型的诊断规范》标准申报（原因为自发性类风湿性关节炎食蟹猴在种群中发病率较低）。为提高标准的适用性，根据实验动物标准化专业委员会的建议，特将《实验动物　自发性强直性脊柱炎食蟹猴疾病模型的诊断规范》与《实验动物　自发性膝骨关节炎食蟹猴疾病模型的诊断规范》合并为《实验动物　食蟹猴常见骨与关节疾病模型诊断规范》，并于 2020 年 10 月 29 日提交至标委会。

c）2020 年 12 月 17 日标委会反馈《实验动物　食蟹猴常见骨与关节疾病模型诊断规范》，已通过中国实验动物学会实验动物标准化专业委员会的讨论审议，进入公开征求意见阶段。同时业内各位专家委员对标准提出了一些修改意见，其中主要的意见分歧是标准内容只包含强直性脊柱炎及膝骨关节炎模型的评价，而题目范围过大，专家建议强直性脊柱炎及膝骨关节炎单独编制一个标准。因此根据专家建议，标准主要起草人于 2020 年 12 月 23 日分别提交了 2 个标准，如下：《实验动物　强直性脊柱炎食蟹猴模型评价》和《实验动物　膝骨关节炎食蟹猴模型评价》。

d）2021 年 1 月 7 日标委会同意将《实验动物　食蟹猴常见骨与关节疾病模型诊断规范》拆分成两项标准：《实验动物　强直性脊柱炎食蟹猴模型评价》和《实验动物　膝骨关节炎食蟹猴模型评价》。2021 年 1 月 8 日至 2021 年 1 月 13 日，标准主要起草人认真研读了标委会秘书处的"几点意见"，并对标准草案做了相应的修改并提交。

e）2021 年 10 月标委会要求将 2 个标准草案《实验动物　强直性脊柱炎食蟹猴模型评价》和《实验动物　膝骨关节炎食蟹猴模型评价》合并为 1 个标准草案《实验动物　骨与关节疾病食蟹猴模型评价规范》，并提出其他专家修改意见，直至最终提交版本。

f）2021 年 10 月经全国实验动物标准化技术委员会审查通过，根据委员会意见修改形成报批稿，2022 年 1 月经中国实验动物学会常务理事会批准发布。

本标准的编制工作按照 GB/T 1.1—2020《标准化工作导则　第 1 部分：标准化文件的结构和起草规则》和《中国实验动物学会团体标准编写规范》的要求进行编写，且是在前期研究基础上结合了临床强直性脊柱炎临床诊断标准及膝骨关节炎临床诊断标准，形成了本技术规范。

第三节　编 写 背 景

（一）膝骨关节炎（knee osteoarthritis，KOA）食蟹猴模型

1. KOA 疾病及模型简介

膝骨关节炎是一种多因素导致的慢性、进行性骨关节病，在 65～75 岁人群中发病率

达 50%。KOA 主要表现为膝关节肿胀、疼痛、畸形、僵硬、活动受限等。随着人均寿命的延长和人口老龄化的加剧，KOA 的发病率逐年升高，严重影响了人类健康。KOA 的发病机制复杂，目前尚不能完全阐明，同时也缺乏早期诊断的技术和有效治愈的方法，现阶段对其的治疗仍以缓解症状、延缓进展为主。由于 KOA 机制的复杂性及治疗手段的有限性，理想动物模型的构建对于研究其发病机制及疗效评价尤为重要。

用于研究 KOA 的动物主要有小鼠、大鼠、豚鼠、兔、犬及大型哺乳动物等，造模方法主要可分为自发性模型和诱发性模型。大鼠、小鼠及豚鼠 KOA 模型缺点是膝关节小、操作困难、取材困难、软骨层薄、可用于研究的组织少，且术后护理、锻炼也是难点，因而大鼠、小鼠及豚鼠模型不能完全模拟人 KOA 发病机制，导致其使用受到限制。兔膝关节长期保持屈曲，步态与人不同，在生物力学方面与人有明显的区别。山羊和绵羊等不易形成 KOA，一般需要切除大量甚至全部半月板来诱导，与人类 KOA 存在较大区别，而且山羊和绵羊价格昂贵，饲养成本高，而实验需要大量动物，因此不常用于 KOA 的研究。诱发的 KOA 小动物模型较多，灵长类诱发性的 KOA 模型目前还没有标准化的建立方法。

2. KOA 食蟹猴模型前期研究基础

相比于啮齿动物和其他类动物模型，非人灵长类模型具有无可比拟的优势，其在遗传背景、生理结构等方面与人类高度相似，比其他模式动物能更好地复制人类疾病。特别是自发性的非人灵长类疾病动物模型，能更好地模拟疾病的发病机制和病理进程。广东省实验动物监测所骨与关节疾病模型研究团队前期在合作猴场筛查出近百只骨与关节疾病食蟹猴，邀请中山大学附属第一医院、北京协和医院、上海同济医院、南方医科大学附属珠江医院、广州市人民医院的骨科、风湿免疫科、影像科医生分别对所发现的疾病动物进行了诊断，最终确定 10 余只自发膝骨关节炎食蟹猴。由于目前缺乏对灵长类疾病动物模型的评价规范，因此我们结合临床医生建议及临床骨性关节炎诊断规范，撰写了本团体标准，以期为自发性及诱发性膝骨关节炎食蟹猴疾病模型的评价提供方法和依据。

（二）强直性脊柱炎（ankylosing spondylitis，AS）食蟹猴模型

1. AS 疾病及模型简介

强直性脊柱炎是以骶髂关节及脊柱附着点炎症为主要症状的疾病，常发于青少年男性，中国人群中发病率为 0.2%～0.54%。AS 发病隐匿，早期症状较轻，多表现为腰骶部疼痛。随着时间的推移，患者会出现脊柱及外周关节强直，最终导致脊柱僵直变形，致畸致残，对患者生存质量造成严重影响。AS 被认为是由遗传因素和环境因素共同决定的，但具体的病因至今不明，未能明确 AS 的病因病机是制约其疗法研究的瓶颈。目前对于 AS 没有好的治疗方案，常以消炎止痛为主，常用药包括非甾体抗炎药、传统抗风湿药、生物制剂等，但这些药物无法逆转 AS 导致的韧带钙化及骨性强直，且长期使用会引起严重的不良反应。深入探讨 AS 的病因、病机及开发新的治疗靶点是亟待解决的关键问题。

AS 疾病动物模型是研究 AS 发病机制和药物开发的重要载体。随着 AS 研究的深入，目前已经构建了多种动物模型，如人白细胞抗原 B27（human leukocyte antigen B27，HLA-B27）转基因大鼠、小鼠模型，蛋白聚糖诱导的脊柱炎（proteoglycan-induced spondylitis，PGIL）小鼠模型、内质网氨基肽酶 1 敲除（endoplasmic reticulum aminopeptidase，ERAP1$^{-/-}$）

小鼠模型等，这些模型的构建对 AS 的研究起到了重要作用。其中 HLA-B27 小鼠模型曾被认为是 AS 经典的动物模型，但是该模型仍存在一定的局限性，如单纯的 HLA-B27 转基因小鼠并未表现出关节的异常，只有与 β_2-微球蛋白整合后才能表现出 AS 症状，此外该模型只有在普通级环境下才发病，更为严重的是该模型到老年期症状会变轻，这些结果与临床 AS 表现并不一致。而 PGIL 模型虽然操作简单、周期短，症状与 AS 相似，但缺乏一定的基因相关性。

2. AS 食蟹猴模型前期研究基础

对于强直性脊柱炎，目前并没有合适的良好的疾病动物模型，根据我们对国内研究强直性脊柱炎顶尖实验室的调研，目前常用的 HLA-B27 转基因小鼠模型并不能很好地表现出强直性脊柱炎的临床特征。目前文献报道的强直性脊柱炎动物模型与类风湿性关节炎模型更加类似。相比于啮齿动物和其他类动物模型，非人灵长类模型具有无可比拟的优势，其在遗传背景、生理结构等方面与人类高度相似，比其他模式动物能更好地复制人类疾病。特别是自发性的非人灵长类疾病动物模型，能更好地模拟疾病的发病机制和病理进程。广东省实验动物监测所骨与关节疾病模型研究团队前期在合作猴场筛查出近百只骨与关节疾病食蟹猴，邀请中山大学附属第一医院、北京协和医院、上海同济医院、南方医科大学附属珠江医院、广州市人民医院骨科、风湿免疫科、影像科医生分别对所发现的疾病动物进行了诊断，最终确定 50 余只自发强直性脊柱炎食蟹猴。这些动物模型可以认为是目前与人类强直性脊柱炎最为接近的疾病动物模型，目前还没有灵长类的诱发模型出现和报道。由于目前缺乏对非人灵长类强直性脊柱炎疾病动物模型的评价方法和标准，因此我们结合临床医生建议及临床强直性脊柱炎诊断标准，撰写了本团体标准，以期为将来强直性脊柱炎食蟹猴疾病模型的诊断提供依据。

第四节　编 制 原 则

本标准的制定主要遵循以下原则：一是本标准编写格式应符合 GB/T 1.1 和中国实验动物学会团体标准编写规范；二是科学性原则，在尊重科学前期研究基础上制定本标准，且结合了临床医生建议，遵循《强直性脊柱炎诊断标准》及《骨关节炎诊疗指南》；三是可操作性和实用性原则，所有诊断指标和方法便于使用单位操作，且经过多家单位的验证；四是适用性原则，所制定的诊断规范应适用于食蟹猴自发/诱发的强直性脊柱炎及膝骨关节炎模型的评价；五是协调性原则，所制定的技术规程应符合我国现行有关法律法规和相关的标准要求，并有利于强直性脊柱炎及膝骨关节炎模型的规范化和科学化。

第五节　内 容 解 读

一、膝骨关节炎食蟹猴模型

1. 膝骨关节炎（knee osteoarthritis，KOA）简介

KOA 是一种多因素导致的慢性、进行性骨关节病，主要表现为膝关节肿胀、疼痛、畸

形、僵硬、活动受限等。膝骨关节炎的诊断多采用中华医学会 2018 年提出的《骨关节炎诊疗指南》。

2. 外观检查

临床 KOA 常表现为关节疼痛、关节活动受限、关节畸形、骨摩擦音（感）及肌肉萎缩等。关节疼痛是 KOA 最常见的临床表现，初期为轻度或中度间断性隐痛，休息后好转，活动后加剧，寒冷潮湿环境可加重疼痛。KOA 晚期可以出现持续性疼痛或夜间痛。关节局部可有压痛，在伴有关节肿胀时尤其明显。关节活动受限，临床表现为晨僵，活动后可缓解，晨僵持续时间一般较短，常为几分钟至十几分钟，很少超过 30 min。患者在疾病中期可出现关节绞锁，晚期关节活动受限严重，最终导致残疾。关节畸形，KOA 常因骨赘形成或滑膜炎症积液造成关节肿大。骨摩擦音（感），由于关节软骨破坏，关节面不平整，活动时可以出现骨摩擦音。肌肉萎缩，关节疼痛和活动能力下降可以导致受累关节周围肌肉萎缩，关节无力。课题组前期研究发现 KOA 食蟹猴出现明显的活动下降，对声音反应迟钝，膝关节肿大，活动度下降，肌肉萎缩。

3. 影像学检查

a）X 光检查：为 KOA 临床诊断的"金标准"，是首选的影像学检查方法。在 X 光上 KOA 的三大经典表现为：受累关节非对称性关节间隙变窄；软骨下骨硬化和（或）囊性变；关节边缘骨赘形成。部分患者可有不同程度的关节肿胀，关节内可见游离体，甚至关节变形。

b）MRI 检查：表现为受累关节的软骨变薄、缺损，骨髓水肿、半月板损伤及变性、关节积液及腘窝囊肿。MRI 对于临床诊断早期 KOA 有一定价值，目前多用于 KOA 的鉴别诊断或临床研究。

c）CT 检查：常表现为受累关节间隙狭窄、软骨下骨硬化、囊性变和骨赘增生等，多用于 KOA 的鉴别诊断。

课题组前期研究发现 KOA 食蟹猴影像学表现为关节间隙狭窄、软骨下骨硬化、关节边缘骨赘形成、软骨变薄/消失、骨髓水肿等，这些表现与临床 KOA 相同。

4. 实验室检查

KOA 患者血常规、免疫复合物、血清补体等指标一般在正常范围内。若患者同时有滑膜炎症时，C 反应蛋白和血沉会有轻度升高。我们前期研究发现 KOA 食蟹猴血常规、血生化、C 反应蛋白和血沉均未见显著性变化。

5. 鉴别诊断

鉴别诊断是指根据患者的临床特征及诊断结果，与其他疾病进行鉴别，并排除其他疾病的可能的诊断。骨性关节炎（osteoarthrosis，OA）与强直性脊柱炎、类风湿性关节炎（rheumatoid arthritis，RA）、感染性关节炎（infectious arthritis，IA）有类似的临床表现，因此需与上述疾病开展鉴别诊断。

（1）与 RA 鉴别诊断

RA 是一种全身自身免疫性疾病，多发于对称性关节，类风湿因子显著性升高。KOA 属于一种退行性疾病，多发于年老动物，非对称性关节病变中，类风湿因子与正常对照动物相似。据此可与 RA 进行鉴别诊断。

（2）与 IA 鉴别诊断

IA 一般由细菌、病毒等微生物入侵关节腔引起，微生物培养阳性，外周血 ASO 及 PCT 均会出现明显升高。KOA 食蟹猴外周血 ASO 及 PCT 不会出现明显变化，微生物培养阴性。据此可与 IA 进行鉴别诊断。

（3）与 AS 鉴别诊断

AS 食蟹猴可累及骶髂关节及脊柱，常发于青壮年。KOA 不侵犯骶髂关节及脊柱，且多发于中老年。据此可与 AS 进行鉴别诊断。

6. KOA 诊断

膝骨关节炎的诊断多采用中华医学会 2018 年提出的《骨关节炎诊疗指南》，满足影像学改变及临床表现任意 2 条，可诊断为膝骨关节炎。

（1）临床表现

a）发病年龄：大于等于 10 岁。

b）关节活动受限：由骨赘、软骨损伤、疼痛等引起膝关节活动度受限。

c）关节畸形：由骨赘、关节滑膜炎症积液造成的关节肿大。

d）骨摩擦音：由于关节软骨破坏，关节面不平整，关节活动时可出现骨摩擦音。

e）肌肉萎缩：关节疼痛和活动能力下降可以导致受累关节周围肌肉萎缩，关节无力。

（2）影像学表现

a）X 光检查：表现为受累关节非对称性关节间隙狭窄，软骨下骨硬化和（或）囊性变，关节边缘骨赘形成。部分动物可有不同程度的关节肿胀，关节内可见游离体，甚至关节变形。

b）CT 检查：常表现为受累关节间隙狭窄、软骨下骨硬化、囊性变和骨赘增生等。

c）MRI 检查：表现为受累关节的软骨变薄，缺损，骨髓水肿、半月板损伤及变性、关节积液及腘窝囊肿。

（3）实验室检查

若伴有滑膜炎时，疾病动物外周血 C 反应蛋白及血沉会轻度升高。

二、强直性脊柱炎食蟹猴模型

1. 强直性脊柱炎简介

强直性脊柱炎（AS）是以骶髂关节及脊柱附着点炎症为主要症状的疾病，常发于青少年男性，并具有一定的家族聚集性。AS 发病隐匿，早期症状较轻，多表现为腰骶部疼痛。随着时间的推移，患者会出现脊柱及外周关节强直，最终导致脊柱僵直变形，致畸致残，对患者生存质量造成严重影响。

2. 外观表现

临床 AS 早期患者一般表现为厌食、腰痛、晨僵、乏力、低热、消瘦和贫血等，且该病主要累及骶髂关节、中轴关节和四肢大关节，随着病情的发展会出现脊柱强直、驼背和活动受限等。课题组前期研究发现 AS 食蟹猴普遍出现肌肉萎缩、运动能力下降、跛行、驼背、脊柱活动范围变差甚至消失等临床表现，部分动物伴随四肢关节肿大等，表明 AS 食蟹猴与人临床 AS 患者具有相似的临床表现。

3. 影像学检查

目前临床研究认为 AS 早期主要表现为骶髂关节的病变，如关节边缘模糊、骨质腐蚀、关节间隙狭窄甚至消失；AS 中晚期主要表现为脊柱的病变，如椎体韧带钙化、方椎，严重者呈竹节状的脊柱融合。课题组前期开展 AS 食蟹猴的 X 光及 CT 检查发现，AS 食蟹猴骶髂关节初期出现关节面毛糙，关节间隙狭窄甚至间隙融合消失，而腰椎、胸椎、尾椎等出现不同程度的韧带钙化、方椎、骨赘等，最后发展为相邻椎体的骨性融合，导致脊柱呈"竹节样"。此外，与临床 AS 患者类似，部分 AS 食蟹猴四周关节出现了关节面的破坏和骨性强直，表明 AS 食蟹猴与人临床 AS 患者具有相似的影像学表现。

4. 年龄及家族史分析

流行病学研究发现，我国 AS 患者的发病率为 0.2%～0.54%。根据发病年龄，临床 AS 患者分为三种，发病年龄≤16 岁为儿童发病强直性脊柱炎（juvenile ankylosing spondylitis, JAS），发病年龄在 16～40 岁的患者为成人发病强直性脊柱炎（adult ankylosing spondylitis, AAS），发病年龄≥40 岁为迟发强直性脊柱炎（late onset ankylosing spondylitis, LAS）。经流行病学统计，在 AS 患者中，JAS、AAS 及 LAS 的比例分别为 27.2%、69.7% 及 3.1%。课题组前期在 2 万只食蟹猴种群中，发现了 57 只 AS 食蟹猴，发病比例约为 0.285%，根据人与猴子年龄的换算关系（1 岁龄食蟹猴约相当于人 4 岁），我们将 AS 动物进行了分类，以所发现的 57 只 AS 食蟹猴为基数，计算 JAS 食蟹猴（14 只，发病年龄≤4 岁）占 24.6%，AAS 食蟹猴（35 只，发病年龄 4～10 岁）占 61.4%，LAS 食蟹猴（8 只，发病年龄≥10 岁）占 14.0%，这些结果与人临床 AS 的流行病学调查结果相似。同时我们对 AS 食蟹猴的家系进行了分析，发现部分动物具有家族聚集性。

5. 血常规及血生化检查

目前，研究发现 AS 患者白细胞计数不变或升高，碱性磷酸酶升高，血红蛋白及血清白蛋白下降。我们对 AS 食蟹猴进行的血液学检查发现，与正常食蟹猴比较，AS 食蟹猴 PLT 含量升高，血红蛋白及红细胞平均血红蛋白浓度含量下降，证明动物存在贫血症状，而白细胞含量显著升高，说明动物存在炎症反应，进一步分析白细胞组分发现，作为白细胞的主要成分，嗜酸性粒细胞、嗜碱性粒细胞、单核细胞百分含量无显著性改变，而淋巴细胞显著下降，中性粒细胞显著升高。血液生化指标检查发现，与正常食蟹猴比较，AS 食蟹猴 ALP、GLOB 及 TP 水平显著升高，而 ALB、Ca 及 P 含量显著下降，与临床报道一致。

6. ESR、CRP 检查

目前，研究发现 AS 患者炎症急性期会出现 ESR 和 CRP 的升高。我们的研究发现与正常食蟹猴比较，AS 食蟹猴反映炎症活动程度的 2 个重要指标 ESR 及 CRP 水平均显著升高。

7. 细胞因子检查

目前，研究发现 IL-23/Th17 轴是某些疾病炎症活动期的一个重要炎症通路，IL-23 可刺激 Th17 细胞的增殖并延长其生存期。当免疫功能失调时，可刺激 IL-23 等炎症因子的升高，进而刺激 Th17 细胞的增殖，活化的 Th17 高表达 IL-17，IL-17 和广泛存在的 IL-17 受体（IL-17R）结合后，可通过 MAP 激酶途径和核转录因子 κB（NF-κB）途径发挥其生物学作用，促进机体 IL-6、TNF-α 和 IL-17 等的表达。我们前期研究发现，与正常对照食蟹猴比较，AS 食蟹猴 IL-17、IL-6、TNF-α 水平显著升高。

8. 鉴别诊断

强直性脊柱炎与骨性关节炎（osteoarthrosis，OA）、类风湿性关节炎（rheumatoid arthritis，RA）、感染性关节炎（infectious arthritis，IA）、弥漫性特发性骨质增生症（diffuse idiopathic skeletal hyperostosis，DISH）有类似的临床表现，因此需与上述疾病开展鉴别诊断。

（1）与 OA 鉴别诊断

OA 多发于老年人，不侵犯骶髂关节、较少侵犯四肢小关节。AS 食蟹猴发病年龄一般集中在青壮年（食蟹猴为 2～10 岁），骶髂关节均会出现不同程度病变。据此可与 OA 进行鉴别诊断。

（2）与 RA 鉴别诊断

RA 不侵犯骶髂关节，多见于对称性的外周关节，且抗 CCP 抗体及 IgM-RF 常出现显著性升高。AS 食蟹猴骶髂关节均会出现不同程度病变，且抗 CCP 抗体和 IgM-RF 不出现明显变化。据此可与 RA 进行鉴别诊断。

（3）与 IA 鉴别诊断

IA 表现为 ASO 及 PCT 升高。AS 食蟹猴上述指标均不会出现明显变化。据此可与 IA 进行鉴别诊断。

（4）与 DISH 鉴别诊断

DISH 多发于中老年（食蟹猴约为 10 岁以后），且不侵犯骶髂关节，血常规、血生化指标不发生明显改变。AS 发病年龄一般集中在青壮年，外周血血常规及血生化指标 WBC、PLT、HGB、TP、ALB、GLOB、ALP 含量均会出现显著性改变，且均会侵犯骶髂关节。据此可与 DISH 进行鉴别诊断。

9. AS 诊断

目前 AS 诊断标准仍在沿用 1984 年 AS 纽约标准，AS 分期多采用 1988 年我国中西医结合风湿类疾病会议制定的 AS 分期标准。

a）参考 1984 年纽约制定的 AS 临床诊断标准对所研究食蟹猴进行 AS 诊断。AS 确诊标准为双侧骶髂关节炎大于或等于Ⅱ级/单侧骶髂关节炎Ⅲ～Ⅳ级。

　　0 级　完全正常。

　　Ⅰ级　可能存在硬化或者侵蚀。

　　Ⅱ级　轻微病变，硬化和侵蚀较为明显。

　　Ⅲ级　硬化和侵蚀明显，关节间隙改变明显，伴随一定强直特点。

　　Ⅳ级　病变严重，多数属于强直或者全部强直。

b）参考 1988 年我国中西医结合风湿类疾病会议制定的 AS 分期标准对 AS 食蟹猴进行分期。

早期：脊柱功能活动受限，X 光显示骶髂关节间隙模糊，椎小关节正常或仅关节间隙改变。

中期：脊柱功能活动受限甚至部分强直，X 光显示骶髂关节锯齿样改变，部分韧带钙化，方椎，小关节骨质破坏，间隙模糊。

晚期：脊柱强直或驼背固定，X 光显示骶髂关节融合，脊柱呈竹节样改变。

第六节 分 析 报 告

1. 膝骨关节炎食蟹猴模型

2020 年申报单位委托广东药科大学附属第一医院、从化市华珍动物养殖场（普通合伙）开展了技术标准方法验证复核，验收意见认为膝骨关节炎食蟹猴评价方法团体标准草案可行。

a）广东药科大学附属第一医院：根据膝骨关节炎食蟹猴评价方法，随机选择 53 只疑似骨与关节疾病动物，根据本团体草案的检查诊断程序、检查内容及诊断规则，最终确定膝骨关节炎食蟹猴 7 只、自发强直性脊柱炎食蟹猴 41 只、其他疾病食蟹猴 5 只。

b）从化市华珍动物养殖场（普通合伙）：根据膝骨关节炎食蟹猴评价方法，随机选择 8 只疑似骨与关节疾病动物，根据本团体草案的检查诊断程序、检查内容及诊断规则，最终确定自发膝骨关节炎食蟹猴 5 只。

2. 强直性脊柱炎食蟹猴模型

2020 年申报单位委托广东药科大学附属第一医院及中山大学附属第八医院强直性脊柱炎权威研究团队开展了技术标准方法验证复核，验收意见认为强直性脊柱炎食蟹猴模型评价方法团体标准草案可行。

a）广东药科大学附属第一医院：根据强直性脊柱炎食蟹猴模型评价方法随机选择 53 只疑似骨与关节疾病动物，根据本团体草案的检查诊断程序、检查内容及诊断规则，最终确定自发强直性脊柱炎食蟹猴 41 只、膝骨关节炎食蟹猴 7 只、其他疾病食蟹猴 5 只。

b）中山大学附属第八医院：根据强直性脊柱炎食蟹猴模型评价方法，选择 8 只疑似骨与关节疾病动物，根据本团体草案的检查诊断程序、检查内容及诊断规则，最终确定自发强直性脊柱炎食蟹猴 5 只。

第七节 国内外同类标准分析

目前没有相应的国际标准。

第八节 与法律法规、标准的关系

本标准的编制依据为现行的法律法规和国家标准，与这些文件中的规定相一致。目前实验动物国家标准中没有强直性脊柱炎及膝骨关节炎相关的技术规程。

第九节 重大分歧意见的处理和依据

本标准起草过程中各单位都对草案和征求意见稿提出了建设性意见，但未出现重大分歧意见。

第十节　作为推荐性标准的建议

本标准批准后建议作为推荐性标准使用。

第十一节　标准实施要求和措施

本标准发布后，将在标准参编单位应用。同时，参编单位将采取多种形式，利用媒体等多种途径，组织力量宣传贯彻，逐渐向相关单位推广。

第十二节　本标准常见知识问答

无。

第十三节　其他说明事项

无。

第十一章 T/CALAS 109—2021《实验动物2型糖尿病食蟹猴模型评价规范》实施指南

第一节 工 作 简 况

根据中国实验动物学会实验动物标准化专业委员会 2020 年下达的《关于征集 2020 年实验动物标准化建议及标准立项的通知》，由广东省实验动物监测所、肇庆创药生物科技有限公司、从化市华珍动物养殖场、广州春盛生物研究院有限公司、广东省中医院共 5 家单位协作完成了《实验动物 2 型糖尿病食蟹猴模型评价规范》团体标准的起草工作。

本标准的编制工作按照《中国实验动物学会团体标准编写规范》的要求进行编写，在编制过程中主要参考了《中国 2 型糖尿病防治指南（2020 版）》（中华医学会糖尿病学分会）。根据糖尿病的疾病特点结合在食蟹猴中的发生情况和特征，形成了一套实验动物食蟹猴 2 型糖尿病疾病模型的诊断评价规范。

第二节 工 作 过 程

广东省实验动物监测所组织国内食蟹猴资源保存与研究工作开展较好的机构从化市华珍动物养殖场、广东春盛生物科技发展有限公司、肇庆创药生物科技有限公司及在糖尿病诊治中具有丰富经验的广东省中医院组成标准起草团队，负责团体标准的起草工作，多名成员具有高级职称或博士学位，并在食蟹猴和（或）糖尿病领域从事多年的研究工作。在王希龙博士的指导下，高洪彬主要完成标准的撰写工作。2020 年 9～10 月，经过多次讨论会，不断完善规范征求意见稿的编制工作，形成了《标准征求意见稿》和编制说明。2021 年 4～5 月，中国实验动物学会公开征集意见，共发函 60 个单位，回函的单位 40 个；收到《标准征求意见稿》后，回函并有建议或意见的单位 0 个；没有回函的单位 20 个。

标准起草团队对收集到的反馈意见进行了分类、归纳、整理和分析，逐条进行了处理，全部采纳了 39 条意见，并对标准意见稿进行了补充、修改，完成了标准送审稿，提交学会审议。2021 年 9 月中国实验动物学会组织专家召开征求意见稿讨论会。2021 年 9 月标准起草团队根据专家意见，进一步完善形成标准送审稿。经全国实验动物标准化技术委员会审查通过，根据委员会意见修改形成报批稿，于 2022 年 1 月经中国实验动物学会常务理事会批准发布。

第三节 编 写 背 景

糖尿病是一组由遗传和环境因素相互作用而引起的临床综合征,以高血糖为主要标志,可引起多个系统损害。食蟹猴是病理生理和人类高度相似的实验动物,其自发性糖尿病的形成和病理生理特征与人类糖尿病高度相似,对其建立一套标准化的 2 型糖尿病诊断程序,有助于提高在猴群中筛查并诊断糖尿病猴的效率,有助于在使用食蟹猴进行糖尿病研究中的标准化、规范化和科学化。

2017~2020 年,牵头单位在省级科研项目的支持下,以拥有数万头食蟹猴且管理较为规范的从化市华珍动物养殖场及广东春盛生物科技发展有限公司的食蟹猴群作为研究对象,进行了包括动物体征、临床症状、血常规、血生化、糖耐量试验、病理学检查等研究,积累了丰富的基础实验数据并形成了一套行之有效的标准规程,为本标准的制定提供了经验并奠定了坚实的基础。

第四节 编 制 原 则

本标准的制定主要遵循以下原则:一是本标准编写格式应符合 GB/T 1.1—2020《标准化工作导则 第 1 部分:标准化文件的结构和起草规则》和中国实验动物学会团体标准编写规范;二是可操作性和实用性原则,所有鉴定指标和方法便于使用单位操作;三是科学性原则,在尊重科学、亲身实践、调查研究的基础上,制定本标准;四是适用性原则,所制定的技术规程应适用于实验动物食蟹猴;五是协调性原则,所制定的技术规程应符合我国现行有关法律法规和相关的标准要求,并有利于 2 型糖尿病食蟹猴疾病模型诊断的规范化和科学化。

第五节 内 容 解 读

本标准由范围、规范性引用文件、术语和定义、糖尿病的筛查、糖尿病的评价共 5 章构成,标准内容经起草团队多次讨论修改,并达成一致意见。现将《实验动物 2 型糖尿病食蟹猴模型评价规范》主要内容的编制说明如下。

一、实验动物食蟹猴

参照实验动物的一般定义(T/CALAS 2—2017),实验用食蟹猴是经人工饲育,对其携带的病原微生物和寄生虫等实行质量控制,遗传背景明确或者来源清楚,用于科学研究、教学、生产和检定以及其他科学实验的食蟹猴。

二、糖尿病

由胰岛素分泌功能缺陷和(或)胰岛素作用缺陷所引起,以慢性高血糖伴碳水化合物、脂肪及蛋白质代谢障碍为主要特征的一组病因异质性的代谢性疾病。

三、糖尿病高危猴群

食蟹猴年龄≥11 岁，且具有下列任何一个及以上的糖尿病危险因素，定义为糖尿病高危猴群。

a）有糖尿病家族史。

b）一级亲属中有家族史，有妊娠糖尿病史的母猴。

c）高血压、血脂异常、动脉粥样硬化性心血管疾病猴。

d）超重或肥胖。

e）有典型的糖尿病症状（多饮、多尿、多食、体重减轻等）。

（编制论据：我们的研究发现发生糖尿病的食蟹猴，均为中老年猴，这与人类 2 型糖尿病以中老年人发病为主的情况相似。我们以猴场 2 万多只食蟹猴为研究对象，发现的糖尿病食蟹猴最小的年龄为 11.9 岁。我们根据糖尿病的临床症状，即多饮、多尿、多食、体重减轻筛出并确诊了糖尿病食蟹猴。）

四、空腹血糖

8 h～14 h 内无能量摄入的血糖值。

五、空腹血糖检测

1. 检测方法（一）

（1）主要仪器

血糖仪等。

（2）主要耗材

血糖仪配套使用的检测试纸。

（3）检查方法

1）采血

从后肢外侧小隐静脉采血，剃去采血部位被毛，固定后注射器抽取外周静脉血少许。

2）血糖检测

将血样与血糖仪相应部位接触，读取仪器中显示的血糖值。

2. 检测方法（二）

（1）主要仪器

生化分析仪、离心机。

（2）主要试剂

血糖检测相关试剂。

（3）检查方法

1）采血

使用不含任何抗凝剂的采血管，从后肢外侧小隐静脉采血，剃去采血部位被毛。采血量不少于 1 mL。

2）血清制备

血液采集后，放置在室温或37℃恒温水槽中静置30 min～50 min，待血清析出后，在2 h内以3000 r/min离心15 min，分离血清，所得血清应澄清透明，无溶血。溶血样本应重新采血制备血清。

3）血糖检测

上机进行血糖检测。

4）血液样品的保存

血清分离后应及时上机检测，不能及时检测的样品应在−15℃以下保存待检。

六、静脉糖耐量试验（IVGTT）方法

（1）主要仪器

生化分析仪、离心机。

（2）主要试剂

50%葡萄糖注射液等。

（3）检查方法

1）静脉注糖

根据体重测量结果，按0.5 mL/kg计算注糖量，将5 mL以上注射器与头皮针连接，按注糖量吸入50%葡萄糖注射液至刻度。

2）采样时间

注糖前（0 min）及注糖后10 min、30 min、60 min、90 min、120 min为采样时间。

3）动物采血

使用不含任何抗凝剂的采血管，从后肢外侧小隐静脉采血，剃去采血部位被毛。采血量不少于1 mL。

4）血清制备

血液采集后，放置在室温或37℃恒温水槽中静置30 min～50 min，待血清析出后，在2 h内以3000 r/min离心15 min，分离血清，所得血清应澄清透明，无溶血。溶血样本应重新采血制备血清。

5）血糖检测

上机进行血糖检测。

6）血液样品的保存

血清分离后应及时上机检测，不能及时检测的样品应在−15℃以下保存待检。

七、糖尿病的筛查

（1）筛查对象

为提高工作效率，减少对猴群的干扰，与管理食蟹猴的猴场兽医密切合作，通过调阅食蟹猴个体档案资料等方式了解其家族史、疾病史，确定糖尿病高危猴群并进行筛查。

（2）筛查方法

空腹血糖检测由于简单易行为常规筛查方法。对于空腹血糖发现异常的食蟹猴，条件

允许时，尽可能进行 IVGTT 检查和（或）HbA1c 检查。

（编制论据：糖耐量试验，使用 IVGTT，而不用口服葡萄糖耐量试验（OTGG），主要是对于食蟹猴，在实际操作中，IVGTT 实验操作技术较容易掌握、可操作性强且给糖量及给糖时间可精确控制。）

八、糖尿病的诊断

a）空腹血糖≥8.0 mmol/L。

b）进食后 2 h 血糖≥10.0 mmol/L。

c）不考虑进食时间，一天中任意时间的随机血糖值≥10.0 mmol/L。

d）糖化血红蛋白（HbA1c）检查，HbA1c≥6.5%。

连续 2 次以上实验室检测静脉血糖值均达到诊断标准。HbA1c 可辅助诊断糖尿病，标准为 HbA1c≥6.5%。

（编制论据：徐传磊等研究报道糖尿病食蟹猴的诊断标准为：空腹血糖≥8.0 mmol/L。在我们的验证试验中，我们观察到，空腹血糖≥8.0 mmol/L，一天中任意时间的随机血糖值≥10.0 mmol/L 可以对食蟹猴进行糖尿病的诊断，未发现低于该诊断指标的糖尿病食蟹猴。我们测得的对照组食蟹猴 HbA1c 在人类的正常范围内。世界贸易组织（WTO）推荐当 HbA1c≥6.5%，可诊断人类的糖尿病，在我们确诊的糖尿病猴中，HbA1c 测得的最低值为 6.7%，与人类该指标的诊断切点接近。）

第六节 分 析 报 告

按照本团体标准提案糖尿病猴的筛选和诊断方法，我们以从化市华珍动物养殖场、广东春盛生物科技发展有限公司的食蟹猴群作为研究对象，调阅食蟹猴的个体档案、繁育记录及对饲养人员进行调查询问，进行了 3 个验证试验，此外我们还进行了病理学检查研究。

结合 3 个验证试验，进行的主要试验分析如下。

一、糖尿病食蟹猴的患病年龄

我们的验证试验发现，糖尿病患病猴均属于中老年猴，与人类 2 型糖尿病多发于中老年的情况类似。

二、糖尿病食蟹猴的体重

我们在通过食蟹猴的相关糖尿病症状确定高危糖尿病猴之后再进行诊断的验证试验中发现，食蟹猴体重较对照组轻，差异有统计学意义（$P < 0.05$）。在通过血糖的大群筛查进行确诊的糖尿病猴，其体重与对照组比较，差异无统计学意义（$P > 0.05$）。另外，从发病年龄分析，通过血糖检测进行筛查确诊的糖尿病猴，平均年龄（13.7±2.2）岁，较为年轻。这说明，无明显症状的食蟹猴也可患糖尿病，结合年龄分析，糖尿病处于较早期阶段。而到了疾病的后期，糖尿病食蟹猴的多饮、多尿、多食、体重减轻症状较为明显，较易通过兽医或有经验实验人员的观察被发现。

三、糖尿病食蟹猴的空腹血糖值

我们对 1363 只非糖尿病猴的空腹血糖值（GLU）进行了检测，GLU 值为（4.74±2.34）mmol/L，在人类正常的血糖范围内。3 个验证试验中，所有的糖尿病动物血糖值均大于 8.0 mmol/L。3 个验证试验的空腹 GLU 分别为（13.37±3.46）mmol/L、（10.65±0.21）mmol/L，（14.41±3.02）mmol/L。未发现空腹 GLU 小于 8.0 mmol/L 的确诊糖尿病食蟹猴。因此，将空腹 GLU≥8.0 mmol/L 作为糖尿病猴的诊断切点。

四、糖耐量试验

糖耐量试验是一种葡萄糖负荷试验。当胰岛 β 细胞功能和机体利用血糖功能处于正常状态时，人体在摄入糖类物质后，通过机体内各种调节机制，在一定时间内使血糖恢复到正常水平。在耐量试验中，糖尿病患者的血糖及胰岛素水平与正常人差异明显。研究认为葡萄糖耐量试验是判断胰岛 β 细胞功能正常与否以及糖尿病诊断的重要方法之一。

我们的验证试验中，有 2 个进行了 IVGTT，检测的时间点为 0 min、10 min、30 min、60 min、90 min 及 120 min。试验结果显示，在各检测时间点，对照组未观察到高于 0 min 且有统计学意义的血糖值（$P>0.05$）。而糖尿病组动物注糖后恢复到给糖前水平（$P>0.05$）的时间点延长，这显示糖尿病组猴的血糖调节功能存在异常，胰岛 β 细胞分泌胰岛素的功能存在异常。

五、HbA1c 检测

糖化血红蛋白是红细胞中的血红蛋白与血清中的糖类相结合的产物。它是通过缓慢、持续及不可逆的糖化反应形成，其含量的多少取决于血糖浓度以及血糖与血红蛋白接触时间，而与抽血时间、患者是否空腹、是否使用胰岛素等因素无关。HbA1c 可有效地反映糖尿病患者过去 2 个月内血糖的控制情况，被用作糖尿病控制的监测指标。

正常人 HbA1c 的参考值为 4%～6%，我们有 2 个验证试验进行了 HbA1c 检测，检测到正常食蟹猴 HbA1c 为 5.12%±1.023%，在人类该指标的正常范围内。WTO 推荐，在人类中，当 HbA1c≥6.5%，可诊断糖尿病。我们的验证试验 1 中该指标为 12.43%±2.89%；验证试验 2 中该指标为 9.65%±4.25%。在我们确诊的糖尿病猴中测得的 HbA1c 最小值为 6.7%，与人类糖尿病的诊断切点 HbA1c≥6.5%接近。因此，HbA1c≥6.5%可为糖尿病猴的辅助诊断指标。

六、血生化指标检查

在实验室检测血糖的同时，我们还进行了谷丙转氨酶（alanine aminotransferase，ALT）、天冬氨酸转氨酶（aspartate aminotransferase，AST）、AST/ALT、血清总蛋白（total serum protein，TP）、血清白蛋白（serum albumin，ALB）、球蛋白（globulin，GLOB）、血清白蛋白/球蛋白比值（A/G）、总胆红素（total bilirubin，TBIL）、直接胆红素（direct bilirubin，DBIL）、碱性磷酸酶（alkaline phosphatase，ALP）、间接胆红素（indirect bilirubin，IB）、

尿素氮（blood urea nitrogen，BUN）、肌酐（creatinine，CREA）、血清钙（serum calcium）、血清磷（serum phosphorus，P）、总胆固醇（total cholesterol，CHOL）、甘油三酯（triglyceride，TG）、高密度脂蛋白胆固醇（high-density lipoprotein cholesterol，HDL-C）、低密度脂蛋白胆固醇（low-density lipoprotein cholesterol，LDL-C）、乳酸盐脱氢酶（lactate dehydrogenase，LDH）指标的检测。检测结果显示，糖尿病猴产生了肝功能的损伤，引起了包括葡萄糖、蛋白质、脂类在内的代谢损伤。这与人类 2 型糖尿病可引起糖、蛋白质、脂肪等一系列代谢紊乱的特征是相符的。

这证实了通过标准草案确诊的 2 型糖尿病猴，具备人类糖尿病血生化代谢改变的特征。

七、病理学检查

对濒死糖尿病猴 12 只（雌性 11 只、雄性 1 只），非糖尿病对照组猴 5 只，进行组织病理学检查。检查脏器包括：大脑、小脑、延髓、脊髓、心脏、主动脉、肺、肝、胆囊、唾液腺、脾、胃、食管、十二指肠、空肠、回肠、盲肠、结肠、直肠、颈部淋巴结、肠系膜淋巴结、甲状腺、甲状旁腺、胰腺、肾上腺、肾、膀胱、子宫、卵巢、输卵管、阴道、睾丸、附睾、精囊、前列腺、眼球、皮肤、乳腺、肌肉、外周神经等。大体剖检糖尿病组及对照组组织脏器均未见形状、颜色、质地等的异常改变。镜下检查发现，在糖尿病的病猴中可观察到胰腺胰岛空泡变性、胰岛淀粉样变性、胰岛纤维化等改变；在肾中可观察到糖尿病肾病的改变，表现为肾小球硬化、系膜增生、间质纤维化等改变；在肝中观察到空泡变性；甲状腺中可见腺泡腔内异常分泌物；外周末梢神经可见黏液变性；骨骼肌可见萎缩；动脉可见粥样硬化等病理改变。其余脏器仅检及背景性病变或未见组织学改变，未见有意义的病理学改变。

我们对 12 只糖尿病猴均做的病理学检查发现，胰腺病变主要为胰岛的空泡样变、淀粉样变、纤维化，未见胰岛炎症细胞浸润，这符合 2 型糖尿病的胰腺病变特征，除胰腺之外，肾是病变例数较多的脏器，另外有的病例还可累及周围末梢神经、骨骼肌等组织脏器，这与人类 2 型糖尿病并发症的情况类似。

综上所述，通过提案的程序对食蟹猴进行筛选和确诊，可获得与人类 2 型糖尿病高度接近的糖尿病食蟹猴模型。

第七节　国内外同类标准分析

目前国内外尚无针对实验动物糖尿病模型的评价提出具体技术要求的标准。本标准是第一个实验动物糖尿病相关技术要求的团体标准。

第八节　与法律法规、标准的关系

本标准依 GB/T 1.1—2020 规则和实验动物标准的要求编写，与实验动物标准体系协调统一。本标准与现行法律法规和强制性标准不存在冲突。

第九节　重大分歧意见的处理和依据

从标准结构框架和制定原则的确定、标准的引用、有关技术指标和参数的试验验证、主要内容的确定直到标准草稿征求专家意见（通过函和会议形式，多次咨询和研讨），均未出现重大意见分歧的情况。

第十节　作为推荐性标准的建议

本标准制定过程中进行了广泛的讨论、交流，具有较强的科学性和适用性，但需要经过实践的检验逐步完善，建议作为推荐性标准执行。

第十一节　标准实施要求和措施

本标准发布实施后，建议由中国实验动物学会组织本标准系统的培训和宣传。

第十二节　本标准常见知识问答

无。

第十三节　其他说明事项

无。

第十二章 T/CALAS 110—2021《实验动物 人源肿瘤异种移植小鼠模型制备技术规范》实施指南

第一节 工 作 简 况

根据中国实验动物学会实验动物标准化专业委员会 2020 年 3 月 10 日下达的《关于征集 2020 年实验动物标准化建议及标准立项的通知》，西安交通大学联合空军军医大学、南昌大学等单位编写本标准。

第二节 工 作 过 程

西安交通大学于 2017 年、2018 年分别派技术人员赴美国 Jackson 实验室（缅因州）和韩国梨花女子大学（首尔）进行 PDX 培训，掌握了 PDX 模型制作技术和信息资料管理体系，并从 2018 年 3 月开始制作小鼠 PDX 模型，已经制作成功 7 种类型肿瘤、216 例 PDX 模型，部分已经用于药物筛选。

空军军医大学自 2014 年开始构建 PDX 模型，制作成功 300 例以上 PDX 模型。南昌大学自 2016 年开始构建 PDX 模型，制作成功 500 例以上 PDX 模型，并且连续举办 9 期 PDX 模型构建培训班，在国内产生广泛影响。另外，本标准编制工作组还编写了国内首部 PDX 模型科学专著《人源肿瘤异种移植模型构建、鉴定及应用》，预计于 2022 年由科学出版社出版。

2020 年 3 月，中国实验动物学会提出了实验动物团体标准的征集需求。西安交通大学联合空军军医大学、南昌大学等单位成立工作组，并草拟了中国实验动物学会团体标准《实验动物 人源肿瘤异种移植模型信息化管理标准》、《实验动物 人源肿瘤异种移植模型制备与评价标准》的提案。

2020 年 7 月，该 2 项标准提案通过了中国实验动物学会实验动物标准化专业委员会的审核，进而得到立项和反馈意见，并建议将开始提出的两个标准合并成一个标准。

按照实验动物标准化专业委员会意见，工作组将《实验动物 人源肿瘤异种移植模型信息化管理标准》、《实验动物 人源肿瘤异种移植模型制备与评价标准》合并成一个标准：《实验动物 人源肿瘤异种移植小鼠模型制备技术规范》，该标准起草组在前期调研的基础上对标准在提案稿的基础上，结合实验动物标准化专业委员会专家的意见进行了修订和完善，形成公开征求意见稿。2021 年 4～5 月，中国实验动物学会公开征集意见，2021 年 9 月中国实验动物学会组织专家召开征求意见稿讨论会。2021 年 9 月起草组根据专家意见，进一步完善形成标准送审稿，经中国实验动物学会实验动物标准化技术委员会审查通过。2021 年 10 月起草组根据审查意见，再次进行了修改，形成报批稿，2022 年 1 月经中国实验动物学会常务理事会批准发布。

第三节 编写背景

PDX（patient-derived tumor xenograft）模型是将患者的肿瘤组织或细胞移植到免疫缺陷动物（一般指小鼠）体内形成的移植瘤模型。PDX 模型保存了患者肿瘤的异质性和微环境，最大程度地保留肿瘤自身的特征，是现阶段最优秀的肿瘤动物模型，是美国国立卫生研究院（NIH）下属国家癌症研究所（NCI）首推的肿瘤实验研究方法。

PDX 模型在肿瘤个体化精准药物筛选、肿瘤新药临床前药物筛选及肿瘤发病机制研究中具有广泛应用。PDX 模型已成为研究肿瘤演变、药物反应和肿瘤耐药机制以及个体化精准治疗方法的重要研究平台。

目前，国内的实验人员缺少 PDX 建模的学习机会，自己摸索时间成本和资金成本极大，导致很多团队无法将 PDX 模型应用于自身研究和工作中。此外，还缺乏强有力的 PDX 模型信息化管理标准，这妨碍了研究人员找到相关 PDX 模型和相关数据的能力。

因此，我们编写了这项标准。

第四节 编制原则

我们本着科学适用、技术先进、经济合理、现实可行的编制原则编写本标准。

第五节 内容解读

a）标准给出了制作和评价小鼠 PDX 模型的基本方法，以及 PDX 模型信息管理体系。

b）标准规定了 PDX 模型制定过程中生物安全风险评估，并特别强调了免疫缺陷鼠的饲养环境、操作人员的生物安全防护和制作环境的无菌控制、操作完成后的清理，以防止潜在的生物安全危害。强调动物、微生物的检测，要求模型制备用动物应符合 GB 14922.1《实验动物 寄生虫学等级及监测》和 GB 14922.2《实验动物 微生物学等级及监测》的 SPF 等级动物要求。

c）标准列举了常用于人源肿瘤异种移植的免疫缺陷动物品种，以及年龄控制和性别选择以供各单位根据各自具体情况进行参考选择。

d）标准强调肿瘤标本采取时的医学伦理学规范和采取的无菌控制与取材方式、方法以及样本前处理，并规范了肿瘤标本样本的几种保存方式。

e）动物接种的技术决定了模型成功建立的基础。标准分别详细介绍了三种不同的肿瘤接种方式，并规范了 PDX 模型建立后的观测、传代和取材方法。

f）标准给出了 PDX 模型的鉴定方法。

g）标准对 PDX 模型建立过程中的信息化管理给出了一系列规范。

第六节　分析报告

PDX 模型自开创以来，在全世界范围内发展迅速。建立模型的制备、评价与鉴定标准，可以提高肿瘤模型标准化制作成功效率，提升科研与临床应用水平。另外，建立 PDX 模型的信息化管理标准有助于在数据库中准确搜索肿瘤模型及其相关数据，并有利于使用这些模型进行可复制性研究，具有较高的社会和经济效益。

按照本标准制备的 PDX 模型已经成功完成了超过 1000 例，用于肿瘤基础研究和 100 多种药物筛选、开发研究，与本标准对应的科研文章发表在 *International Journal of Biological Macromolecules*、*Frontiers in Genetics*、*Cancer Chemotherapy and Pharmacology* 等国际期刊上。结合国外学习、交流基础及长期实践活动，积累了较丰富的 PDX 模型制作和相关信息化管理经验。该标准的提出，既是几年实践经验的总结，也是参考国际先进理念不断上升和提高的过程。

关于"A.1 样本运输保存液配方"和"A.2 冻存液配方"，是参考美国 Jackson 实验室配方，三家申报单位（西安交通大学、空军军医大学、南昌大学）现行使用配方，特此说明。

第七节　国内外同类标准分析

本标准采用国家标准：GB/T 35823《实验动物　动物实验通用要求》、GB 14922.1《实验动物　寄生虫学等级及监测》、GB 14922.2《实验动物　微生物学等级及监测》、GB 19489《实验室　生物安全通用要求》、GB/T 35892《实验动物　福利伦理审查指南》。

a）动物实验遵循 GB/T 35823《实验动物　动物实验通用要求》。

b）动物质量直接影响模型成败，由于宿主小鼠都是免疫缺陷动物，对饲养环境和微生物级别要求较高，特别强调动物、微生物的检测，要求模型制备用动物应符合 GB 14922.1《实验动物　寄生虫学等级及监测》和 GB 14922.2《实验动物　微生物学等级及监测》的 SPF 等级动物要求。

c）实验操作人员身体状况、动物实验操作、人体组织的潜在安全风险等因素导致风险以及其他风险评估和控制按照 GB 19489《实验室　生物安全通用要求》执行。

d）因肿瘤生长的大小涉及人道主义终点和安死术的实施，麻醉动物等操作都应符合 GB/T 35892《实验动物　福利伦理审查指南》。

第八节　与法律法规、标准的关系

与有关的现行法律法规和强制性标准是有机的结合、补充。

第九节　重大分歧意见的处理和依据

无。

第十节　作为推荐性标准的建议

建议作为推荐性标准，供各单位自愿使用。

第十一节　标准实施要求和措施

模型使用单位、研发单位应用。

第十二节　本标准常见知识问答

无。

第十三节　其他说明事项

无。

参考文献

Meehan T F, Conte N, Goldstein T, et al. 2017. PDX-MI: minimal information for patient-derived tumor xenograft models. Cancer Res, 77(21) : e62-e66.

第十三章 T/CALAS 111—2021《实验动物 不同毒力耐多药结核菌用于体内外药效评价技术规范》实施指南

第一节 工 作 简 况

本标准的提出基于本课题组占玲俊承担的由秦川教授牵头的中国医学科学院基本科研业务费项目"基于创新模型的疫苗药物有效性评价标准的制定"的研究内容——抗耐药结核药物有效性检测标准，课题立项年度为 2018 年 11 月至 2018 年 12 月，课题编号为 2018JT35001。课题承担单位为：中国医学科学院医学实验动物研究所。

第二节 工 作 过 程

在该项目申请之前，目前国内外尚无抗耐药结核体内外药效评价的代表性菌株，本研究组已经从大量的临床流行株中筛选到有代表性的北京基因型耐多药结核菌株，并在小鼠体内进行毒力测试，证实有 2 株菌即编号分别为 94789 和 8462 的耐多药结核菌株分别为强毒株和弱毒株，基于该两株菌，本研究组建立基于 BD MGIT960 系统的抗耐药结核体外药效评价方法，并建立耐多药结核模型及体内药效评价方法。

已公布的抗结核药效评价基于结核菌标准株动物模型，其综合评价方法中病理通过肉眼视野中病变评分来量化，不够客观细化，荷菌量评价仍然是传统培养计数，耗时 4～5 周。

本标准利用上述强毒和弱毒的耐多药结核菌建立小鼠模型，并优化综合药效评价方法，即将病理病变存储为全景数字图片，借助软件分别用病变个数计数和病变面积计算法，实现客观细化的定量；而荷菌量评价通过 MGIT960 系统的快速培养在 5～14 天内定量，除了提高检测效率，还减少操作过程中的生物安全风险，与过去的综合评价方法相比有明显的优势。

在占玲俊完成此部分实验内容后，课题负责人秦川教授组织部署了本标准的编写，并指出具体要点，占玲俊组织了课题组内讨论，并起草编写了本标准，进行专家初审提出意见后，占玲俊根据专家意见修改了标准征求意见稿，并起草了标准提交的其他文件材料，如《标准编制说明》《标准起草组会议纪要》《标准项目验证报告》(标准内容涉及技术方法时)《标准起草组讨论会议纪要和签到表》。2020 年 5～7 月，组建编制工作组，召开意见征集视频会议，征集与会专家意见，从框架、逻辑关系等方面进一步修改完善了规范提案，并获得立项批准。2020 年 8 月，编制工作组确定了规范编制的目的、意义及指导思想，制定了标准编制大纲和编制任务。2020 年 9～10 月，经过多次讨论会，不断完善规范征求意见稿的编制工作，形成了《标准征求意见稿》和编制说明。2021 年 4～5 月，中国实验动物学会公开征集意见，2021 年 9 月中国实验动物学会组织专家召开征求意见稿讨论会。2021 年 9 月起草组根据专家意见，进一步完善形成标准送审稿。2021 年 10 月经全国实验动物标准化技术委员会审查通过，根据委员会意见修改形成报批稿，2022 年 1 月经中国实验动物学会常务理事会批准发布。

第三节　编 写 背 景

一、国内外同类标准的研究情况

在该项目申请之前，目前国内外尚无抗耐药结核体内外药效评价的代表性菌株，本研究组已经从中国流行的临床菌株复合群中筛选出单克隆菌株，即有代表性的北京基因型耐多药结核菌株，耐药表型实验显示菌株对利福平、异烟肼等化疗药耐药，并且存在典型耐药基因突变位点，以上检测方法参见《结核病实验室技术手册》（科学出版社，2011 年），并在小鼠体内进行毒力测试，证实有 2 株菌即编号分别为 94789 和 8462 的耐多药结核菌株分别为强毒株和弱毒株，该两株菌不仅可以作为抗耐药结核体外药效评价的菌株，同时还基于这两株菌建立耐多药结核动物模型，进行体内药效评价，构建体内药效评价技术。

本标准基于动物模型的药效综合评价方法并进行优化，将病理病变存储为全景数字图片，借助软件分别用病变个数计数和病变面积计算法，实现客观细化的定量，而荷菌量计算可通过 MGIT960 系统的快速培养在 5～14 天内定量，可以提高时间效率，并且机器读值可以减少人工肉眼菌落计数的误差，同时减少操作过程中的生物安全风险。

二、耐药结核菌体外和小鼠体内药效评价的原理

（一）体外药效评价的原理

通过菌株基因分型实验、耐药表型检测实验、耐药基因突变检测及小鼠体内半数死亡时间检测毒力，筛选出不同毒力的 2 株代表性耐多药结核菌株，用于体外抗耐药结核药效试验，通过检测药物的最小抑菌浓度（MIC），设置阳性药物对照、生长对照（阴性对照）和实验药物组，通过检测药物的最小抑菌浓度，对比分析阳性药物对照、生长对照（阴性对照）和实验药物组，综合判定药物效果。

MIC 检测方法分为液体和固体法，本标准中 MGIT960 的快速培养法是结核菌实验室认可的方法之一。

（二）小鼠体内药效评价的原理

利用前期筛选的有代表性的耐药结核模型用的临床流行菌株如 94789 和 8462，两株不

同毒力的菌株采用非致死剂量感染小鼠，获得耐药结核小鼠模型，分别给阳性药物对照组和实验组小鼠给药，通过主要指标即肺、脾、肝的组织荷菌量和病变来评价药效。

综上所述，本标准基于本研究组筛选到的两株代表性耐多药菌，利用抗耐多药结核菌和动物模型创建了药效综合评价的体内外标准。

第四节　编　制　原　则

a）制定标准要做到技术先进，经济合理，安全可靠，现实可行。

b）国际上通用的标准和国外先进标准，要积极采用，但要结合我国国情，符合国家法律法规和我国实验动物行业发展方向。

c）根据技术和经济的发展，适时制定团体标准并进行修订。

d）标准草案的编写应符合国家《标准化工作导则》的规定和要求。

e）标准的文字表达应准确、简明、通俗易懂、逻辑严谨。同一标准中的术语，符号应统一，与有关标准相协调。

第五节　内　容　解　读

利用本课题组筛选出的代表性耐药结核临床菌株，采用 MGIT960 系统检测抗结核阳性药和受试药物的最小抑菌浓度（MIC），在此基础上总结出抗耐药结核药物的 MIC 检测方法。利用耐多药结核临床菌株感染小鼠，以标准株 H37Rv 为对照，感染一周后分别以利福平和乙胺丁醇阳性对照药物组，连续梯度给药治疗 4 周后，分析不同组的小鼠组织病变的量化值和荷菌量，建立综合的药物效果判定方法，在此基础上总结出抗耐多药强毒和弱毒结核菌的药效评价标准 1 套。

目前，尚无公开发布的抗耐药结核药效体内外评价标准，因此，无法进行同种标准间的直接对比分析。然而，部分方法可与抗结核药物体内评价方法进行比较，已公布的抗结核药效评价基于结核菌标准株动物模型，其综合评价方法中病理通过肉眼视野中病变评分来量化，不够客观细化，荷菌量评价仍然是传统培养，耗时 4～5 周，本标准采用综合评价方法，病理病变存储为全景数字图片，借助软件分别用病变个数计数和病变面积计算法，实现客观细化的定量，而荷菌量计算可通过 MGIT960 系统的快速培养在 5～14 天内定量，可以提高时间效率，并且机器读值可以减少人工肉眼菌落计数的误差，同时减少操作过程中的生物安全风险。综上所述，目前采用的综合药效评价方法更高效、客观、科学。

第六节　分　析　报　告

基于 MGIT960 系统的体外抗耐药结核药效评价标准，是建立在临床耐多药结核菌株基础上的机器自动化方法，解决了药效评价缺乏代表性耐多药结核菌株的问题，同时提高了体外筛选的效率、减少了操作过程中的生物安全风险。

基于抗耐药结核动物模型的药效评价标准，是建立在代表性的临床耐多药结核动物模型上的体内综合药效评价方法，解决了药效评价缺乏代表性耐多药结核模型的问题，同时优化了体内药效综合评价方法，提高了评价的客观准确性，提高了时间效率，减少了操作过程中的生物安全风险。体外和体内药效评价是药物研发从实验室进入临床研究的必经过程，其重要性不言而喻。与此同时，必须注意的是，体外和临床前动物实验的需求量很大，每一百个临床前（体外和体内）评价的药物进入临床的不过寥寥数个，大量临床前实验工作为临床研究提供候选药物。这就需要科学、高效、安全的体内实验标准作为临床研究的衔接。

本技术的直接经济效果无法论证，但是其间接经济效果可以体现在抗结核药物研发全过程投入中，体外试验约占药物研发总投入的 5%，临床前动物实验约占药物研发总投入的 10%。

第七节　国内外同类标准分析

目前，抗耐药结核药效评价缺乏国内外的行业标准和指南，而多数实验室的耐药结核菌体外药效试验采用手工方法进行，基于 BD MGIT960 系统的结核菌快速培养系统的药效评价在少数实验室开展，但是未建立相应的标准。

基于结核菌标准敏感株建立的动物模型，采用传统培养和病理诊断综合评价方法进行药效实验，但是未建立抗耐药结核药效评价的标准，且方法并未结合目前的机器化的定量技术，在准确性和生物安全性保障上仍有改进空间。

结合上述，本标准基于本研究组筛选到的两株代表性抗耐药结核菌，利用 BD MGIT960 系统的结核菌快速培养系统建立体外药效评价方法，利用优化后的综合评价方法，建立抗耐多药结核药效评价的体内标准。

第八节　与法律法规、标准的关系

不涉及相关的法律法规，无类似的强制性标准。

第九节　重大分歧意见的处理和依据

无。

第十节　作为推荐性标准的建议

目前尚无抗耐药结核药效的体内评价标准，对于大多数实验室和研究机构，目前缺乏耐多药结核动物模型，因此，目前本标准可以作为可参考的技术指导，用于各实验室开展耐多药结核临床菌株的体外和体内药效评价，也可指导其他非结核的分枝杆菌临床株的体内外药效评价，逐步建立相应的体内外药效评价方法和标准。

第十一节　标准实施要求和措施

通过中国实验动物学会建立团体标准，通过出版团体标准手册或技术培训的方式向外推广。推广分为两个阶段，第一阶段为讲座和培训，对目前尚无建模条件但是有可能开展类似的体内外药效研究的人员进行推广；第二阶段对能创造条件开展实验的机构，进行针对性培训。

第十二节　本标准常见知识问答

无。

第十三节　其他说明事项

无。

参 考 文 献

陈明亭, 万康林. 2011. 结核病实验室技术手册. 北京: 科学出版社.

丁海榕, 林树柱, 卢锦标, 等. 2014. 耐药结核分枝杆菌感染动物模型所用菌株的筛选. 微生物与感染, 9(2): 83-88.

刘志昊, 穆大业, 占玲俊, 等. 2019. 两种结核分枝杆菌培养法在结核小鼠感染模型实验中的应用对比. 中国比较医学杂志, 29(5): 104-108.

占玲俊, 卢锦标, 唐军, 等. 2016. 耐药结核分枝杆菌潜伏-复发感染动物模型的研究进展. 微生物与感染, 11(1): 59-64.

中华人民共和国卫生部. 1993. 新药(西药)临床前研究指导原则汇编.

Guan Q, Zhan L, Liu Z H, et al. 2020. Identification of pyrvinium pamoate as an anti-tuberculosis agent *in vitro* and *in vivo* by SOSA approach amongst known drugs. Emerg Microbes Infect, 9(1): 302-312.

实验动物科学丛书